Madiha Batool
Munir Ahmad

Química Ambiental

Madiha Batool
Munir Ahmad

Química Ambiental

Imprint

Any brand names and product names mentioned in this book are subject to trademark, brand or patent protection and are trademarks or registered trademarks of their respective holders. The use of brand names, product names, common names, trade names, product descriptions etc. even without a particular marking in this work is in no way to be construed to mean that such names may be regarded as unrestricted in respect of trademark and brand protection legislation and could thus be used by anyone.

Cover image: www.ingimage.com

This book is a translation from the original published under ISBN 978-620-6-14332-1.

Publisher:
Sciencia Scripts
is a trademark of
Dodo Books Indian Ocean Ltd. and OmniScriptum S.R.L publishing group

120 High Road, East Finchley, London, N2 9ED, United Kingdom
Str. Armeneasca 28/1, office 1, Chisinau MD-2012, Republic of Moldova, Europe
Printed at: see last page
ISBN: 978-620-5-80539-8

Dedicação

Dedicado àquele mais caprichoso

Nunca deve ser compreendido

Tempo incorruptível e incorruptível

Absolutamente

Pessoa necessária

Os leitores gentis.

Desculpe, acerca daquele último cabide do penhasco.

bem, não realmente

Prefácio

O Manual de Química Ambiental estabeleceu-se como a principal fonte de referência, fornecendo conhecimentos sólidos e sólidos sobre temas ambientais de uma perspectiva química

Apresentando um amplo espectro de pontos de vista e abordagens em volumes temáticos, o âmbito da série abrange tópicos tais como

- alterações locais e globais do ambiente natural e do clima
- impacto antropogénico sobre o ambiente
- poluição da água, do ar e do solo
- remediação e caracterização de resíduos
- contaminantes ambientais
- biogeoquímica e geoecologia
- reacções e processos químicos
- transformações químicas e biológicas, bem como o transporte físico de produtos químicos no ambiente
- modelação ambiental

Um foco particular da série reside nos avanços metodológicos da química analítica ambiental. Com explicações claras, o livro enfatiza os conceitos essenciais para a prática da ciência, tecnologia e química ambiental. O formato e organização popular nas edições anteriores é utilizado, incluindo uma abordagem baseada nas cinco esferas ambientais e na relação da química ambiental com os conceitos-chave de sustentabilidade, ecologia industrial e química verde. Este livro fornece uma visão abrangente das principais questões ambientais, e analisa significativamente as doenças e pandemias como um problema ambiental influenciado por outras preocupações ambientais como as alterações climáticas.

Características:

1. O conhecimento mais fiável e melhor explorador da química ambiental foi totalmente actualizado e expandido mais uma vez

2. O livro foi elaborado com actualizações adequadas, incluindo uma visão global das principais questões e preocupações ambientais

3. Novo neste importante texto é material sobre a ameaça de agentes patogénicos e doenças, pandemias mortíferas do passado que mataram milhões, doenças recentemente surgidas e as perspectivas de mais ameaças ambientais relacionadas com doenças

4. Este legado notável apela a um vasto público e pode também ser um livro interdisciplinar ideal para estudantes de pós-graduação com licenciaturas numa variedade de disciplinas que não a química

Este livro é um projecto muito abrangente concebido para fornecer informação completa sobre química ambiental, incluindo ar, água, solo e todas as formas de vida na terra. A composição química completa e todos os componentes essenciais da atmosfera, hidrosfera, geosfera, litosfera e biosfera são discutidos em pormenor. São fornecidas numerosas formas de poluentes e os seus efeitos tóxicos juntamente com soluções sustentáveis.

Não cobrindo apenas as noções básicas da química ambiental, os autores discutem muitas áreas e questões específicas, e fornecem soluções práticas. Os problemas dos processos energéticos não renováveis e os méritos dos processos energéticos renováveis juntamente com os futuros combustíveis são discutidos em pormenor, fazendo deste volume uma colaboração abrangente de muitos outros campos relevantes que tenta preencher a lacuna de conhecimento de todos os livros anteriormente disponíveis no mercado. Também cobre exaustivamente todas as questões relacionadas com o ambiente, valores padrão internacionalmente reconhecidos, e os impactos socioeconómicos na sociedade a curto e longo prazo.

DR. MADIHA BATOOL

(Autor)

Professor Assistente de Química

DR. MUNIR AHMAD

(Autor)

Bolseiro de pós-doutoramento

Universidade de Shenzhen

Agradecimentos

Agradeço a conclusão deste livro tendo em consideração que não poderia ter sido possível sem a participação e assistente de tantas pessoas cujos nomes podem não ter sido todos enumerados. Os seus contributos são sinceramente apreciados e reconhecidos com gratidão. No entanto, o grupo gostaria de expressar o seu profundo apreço e endividamento, particularmente os meus honoráveis professores e mentores. Escrever um livro não é muito fácil, como eu pensava. Nada disto seria possível sem a ajuda e orientação dos meus seniores e colegas de trabalho.

Autor

DR. MADIHA BATOOL

DR. MUNIR AHMAD

Tabela de Conteúdos

CAPÍTULO 1: INTRODUÇÃO À QUÍMICA AMBIENTAL

1.1 O que é a química ambiental?

E A química ambiental não tem uma definição precisa, coisas diferentes para pessoas diferentes. É evidente que os químicos ambientais estão a desempenhar o seu papel nas grandes questões ambientais, esgotamento do ozono estratosférico ($O3$), aquecimento global e afins. Do mesmo modo, o papel da química ambiental nos problemas à escala regional e local, por exemplo, os efeitos da chuva ácida ou da contaminação dos recursos hídricos, está bem estabelecido. Esta discussão ilustra a ligação clara na nossa mente entre a química ambiental e os seres humanos. A química ambiental está implicitamente ligada à "poluição". Termos como contaminação e poluição têm pouco significado sem um quadro de referência para comparação.

1.1.1 Como podemos esperar compreender o comportamento?

Impactos dos contaminantes químicos sem compreender como funcionam os sistemas químicos naturais? Durante muitos anos, um grupo relativamente pequeno de cientistas tem vindo a desvendar de forma constante como funcionam os sistemas químicos da Terra, tanto hoje como no passado geológico. As discussões neste livro baseiam-se numa pequena fracção deste material. O nosso objectivo é demonstrar as várias escalas, taxas e tipos de processos químicos naturais que ocorrem na Terra. Também tentamos mostrar os efeitos reais ou possíveis que os seres humanos podem ter nos sistemas químicos naturais. A importância das influências humanas é geralmente mais clara quando é possível uma comparação directa com os sistemas naturais, não perturbados. Este tema enfatiza a ligação entre os sistemas químicos naturais e os organismos, sobretudo os humanos, uma vez que a água é o composto chave na sustentação da própria vida. Começaremos por explicar como foram originados os principais componentes da superfície próxima da crosta, oceanos e atmosfera e como evoluiu a sua ampla composição química.

1.2 Origem do ambiente (teoria do Big bang)

Acredita-se que o universo começou num único instante numa explosão, muitas vezes chamada "big bang". Os astrónomos ainda encontram provas desta explosão no movimento das galáxias e na radiação de fundo de microondas uma vez associada à bola de fogo. Nas primeiras fracções de um segundo após o big bang, a quantidade de matéria e radiação foi fixada, a uma razão de cerca de 1 em 10^8. Minutos mais tarde foram determinadas as abundâncias relativas de hidrogénio (H), deutério (D) e hélio (He). Os elementos mais pesados tiveram de esperar pela formação e processamento destes gases dentro das estrelas. Elementos tão pesados como ferro (Fe) podem ser feitos nos núcleos das estrelas, enquanto estrelas que terminam a sua vida como supernovas explosivas podem produzir elementos muito mais pesados.

1.2.1 Processo cíclico

O hidrogénio e o hélio são os elementos mais abundantes no universo, relíquias dos primeiros momentos na produção de elementos. Contudo, foi o processo de produção estelar que levou à abundância cósmica característica dos elementos (Fig. 1.1). Lítio (Li), berílio (Be) e boro (B) não são muito estáveis em interiores estelares, daí a baixa abundância destes elementos de luz no universo. Carbono (C), azoto (N) e oxigénio (O) são formados num processo cíclico eficiente em estrelas que leva à sua abundância relativamente elevada. O silício (Si) é bastante resistente à foto dissociação (destruição pela luz) nas estrelas, pelo que é também abundante e domina o mundo rochoso.

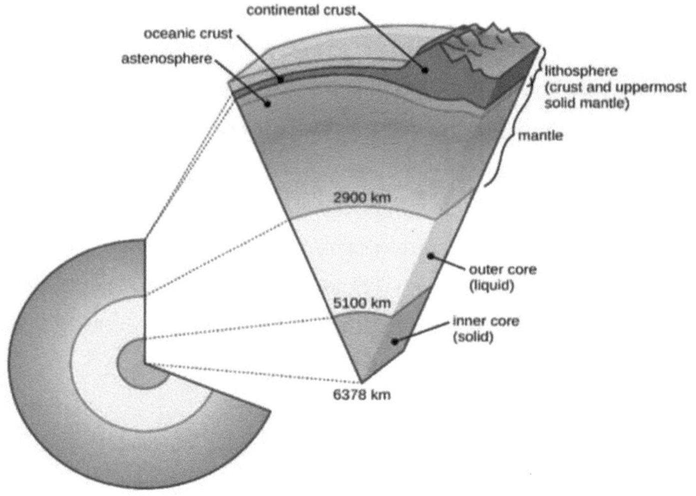

Fig 1.1 Materiais de terra, minerais formadores de rocha

1.3 Evolução da Terra

O nosso sistema solar formou-se provavelmente a partir de uma nuvem em forma de disco de gases quentes, os restos de uma supernova estelar. Os vapores condensadores formaram sólidos que se coalesceram em pequenos corpos (semelhantes a planetas), e o acreção destes construiu os densos planetas interiores como Mercúrio a Marte. Os planetas exteriores maiores, estando mais afastados do sol, são compostos por gases de menor densidade, que condensam a temperaturas mais frias. À medida que a Terra se acentuava, a sua massa actual há cerca de 4,5 mil milhões de anos, aqueceu, principalmente devido ao decaimento radioactivo de isótopos instáveis e, em parte, através da retenção de energia cinética de impactos planetesimais. Este aquecimento derreteu ferro e níquel (Ni) e as suas altas densidades permitiram-lhes afundar até ao centro do planeta. Elementos, átomos e isótopos são feitos de átomos (a menor partícula de um elemento que pode participar em reacções químicas). Os átomos têm três componentes principais: prótons, neutrões e electrões. Os prótons são carregados positivamente, com uma massa semelhante à do átomo de hidrogénio. Os neutrões não são carregados e têm uma massa igual à dos protões. O peso atómico de um átomo é definido pelo seu número de massa e a maior parte da massa está presente no núcleo. Os átomos de um elemento que diferem em massa (i.e. N) são chamados isótopos. Por exemplo, todos os átomos de carbono têm um número Z de 6, mas números de massa de 12, 13 e 14, escritos: Em geral, quando o número de prótons e neutrões no núcleo é quase o mesmo (ou seja, diferem por um ou dois), os isótopos são estáveis. À medida que os números Z e N se tornam mais dissimilares, os isótopos tendem a ser instáveis e a decompor-se por decaimento radioactivo para um isótopo mais estável.

1.3.1 Formação de crosta

A crosta, a hidrosfera e a atmosfera formadas principalmente pela libertação de materiais do interior do manto superior da Terra primitiva. A crosta oceânica forma-se no meio das cristas oceânicas, acompanhada pela libertação de gases e pequenas quantidades de água. Processos semelhantes foram provavelmente responsáveis pela produção de crosta na Terra primitiva, formando uma concha de rocha inferior a 0,0001% do volume de todo o planeta. A composição desta concha, que constitui os continentes e a crosta oceânica, evoluiu ao longo do tempo, essencialmente destilando elementos do manto por derretimento parcial a cerca de 100 km de profundidade. A composição química média da crosta actual. A abundância relativa de elementos (eixo vertical) é definida como o número de átomos de cada elemento por 106 átomos de silício e é traçada numa escala logarítmica.

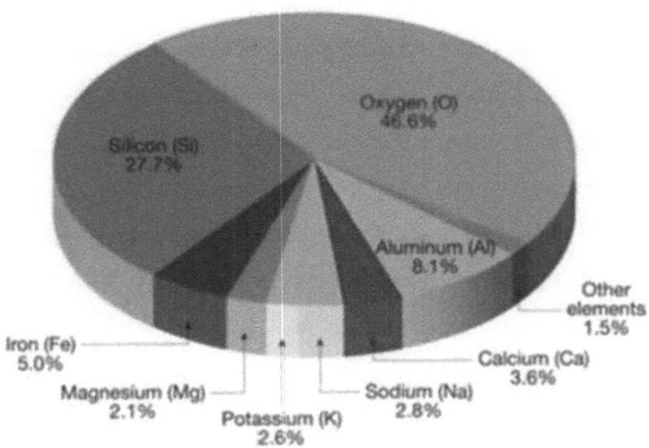

Fig 1.2 Composição química da crosta

Várias linhas de evidência sugerem que elementos voláteis escaparam (desgaseificados) do manto por erupções vulcânicas associadas à construção da crosta. Alguns destes gases foram retidos para formar a atmosfera quando as temperaturas à superfície eram suficientemente frescas e a atracção gravitacional era suficientemente forte. A atmosfera primitiva era provavelmente composta por dióxido de carbono (CO2) e gás nitrogénio (N2) com algum hidrogénio e vapor de água. A evolução para a atmosfera oxidante moderna não ocorreu até que a vida começou a desenvolver-se.

1.3.2 A água da hidrosfera

Água líquida, gelo e vapor de água, é altamente abundante na superfície da Terra, tendo um volume de 1,4 mil milhões de km^3 . Quase toda esta água (>97%) é armazenada nos oceanos, enquanto a maior parte do resto forma as calotas polares e os glaciares. As águas doces continentais representam menos de 1% do volume total, e a maior parte destas são águas subterrâneas. A atmosfera contém comparativamente pouca água. Colectivamente, estes reservatórios de água são chamados de hidrosfera. A fonte de água para a formação da hidrosfera é problemática. Alguns meteoritos contêm até 20% de água em grupos hidroxilo (OH) ligados, enquanto o bombardeamento do proto-terra por cometas ricos em vapor de água é outra fonte possível. Qualquer que seja a origem, uma vez que a superfície da Terra arrefecida a 100°C, o vapor de água, desgasificação do manto, foi capaz de condensar. As evidências mineralógicas sugerem que a água estava presente na superfície da Terra por 4,4 mil milhões de pessoas, sabemos pela existência de rochas sedimentares depositadas na água que os oceanos se tinham formado há pelo menos 3,8 mil milhões de anos. Muito pouco vapor de água escapa da atmosfera para o espaço porque, a cerca de 15 km de altura, a baixa temperatura faz com que o vapor se condense e caia para níveis mais baixos. Também se pensa que muito pouco vapor de água se desgasta do manto hoje em dia. Estas observações sugerem que, após a fase principal de desgaseificação, o volume total de água à superfície da Terra mudou pouco ao longo do tempo geológico. O ciclo entre reservatórios na hidrosfera é conhecido como o ciclo hidrológico (mostrado esquematicamente na Fig. 1.3). Embora o volume de vapor de água contido na atmosfera seja pequeno, a água está em constante movimento através deste reservatório. A água evapora dos oceanos e da superfície terrestre e é transportada dentro das massas de ar.

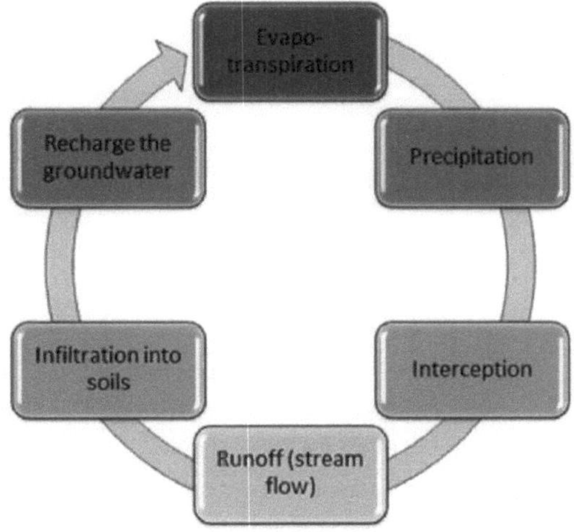

Figura 1.3 Esquema do ciclo hidrológico (orçamento hídrico)

Apesar de um curto tempo de residência na atmosfera, tipicamente 10 dias, a distância média de transporte é de cerca de 1000 km. O vapor de água é então devolvido aos oceanos ou aos continentes como neve. A maior parte da chuva que cai nos continentes infiltra-se em sedimentos e rochas porosas ou fracturadas para formar águas subterrâneas; o resto corre à superfície como rios, ou re-evapora-se para a atmosfera. Dado que a massa total de água na hidrosfera é relativamente constante ao longo do tempo, a evaporação e a precipitação devem equilibrar-se para a Terra como um todo, apesar das grandes diferenças locais entre regiões húmidas e áridas.

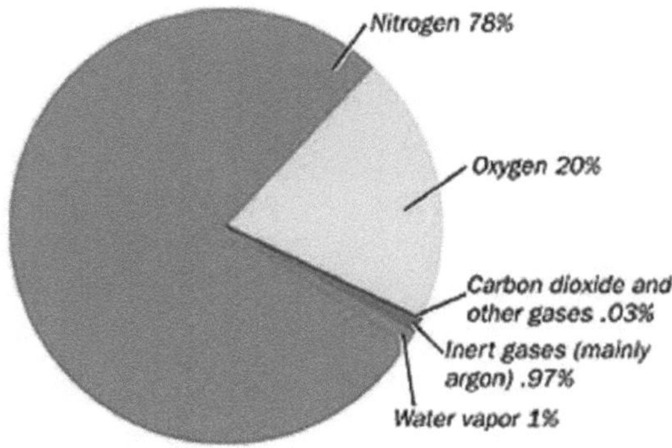

Figura 1.4 composição da hidrosfera

O rápido transporte do vapor de água na atmosfera é impulsionado pela radiação solar recebida. Quase toda a radiação que atinge a crosta é utilizada para evaporar água líquida para formar vapor de água atmosférico. A energia utilizada nesta transformação, que é depois mantida no vapor, é chamada calor latente. A variação da radiação de entrada com latitude não é equilibrada por um efeito contrário para a radiação que sai da Terra, pelo que o resultado é um desequilíbrio global da radiação. Os pólos, contudo, não ficam progressivamente mais frios e o equador mais quente, porque o calor move-se para os pólos nas correntes quentes do oceano e há um movimento de ar quente e calor latente (vapor de água).

1.3.3 A origem da vida e a evolução da atmosfera

Podemos adivinhar alguns dos requisitos e constrangimentos. Nos anos 50 houve um considerável optimismo de que a descoberta do ácido desoxirribonucleico (ADN) e a síntese laboratorial de prováveis biomoléculas primitivas de atmosferas experimentais ricas em metano (CH4) e amoníaco (NH3). Variação nas quantidades relativas de radiação solar (energia por unidade de área) com latitude. Quantidades iguais de energia A e B são distribuídas por uma área maior a uma latitude maior, resultando numa intensidade de radiação reduzida. No entanto, parece agora mais provável que a síntese de moléculas biologicamente importantes tenha ocorrido em ambientes restritos e especializados, tais como as superfícies de minerais argilosos, ou em respiradouros vulcânicos submarinos.

Constant configuration (Values stable over time and place)	
Nitrogen (N_2)	78.08%
Oxygen (O_2)	20.95%
Argon (Ar)	0.93%
Neon, helium, krypton	0.0001%
Variable configuration (Values unstable over time and place)	
Carbon dioxide (CO_2)	0.039%
Water vapor (H_2O)	0 to 4%
Methane (CH_4)	Traces
Sulfur dioxide (SO_2)	Traces
Ozone (O_3)	Traces
Nitrogen oxides (NO, NO_2)	Traces

Quadro 1.1 Composição da atmosfera

Os melhores palpites sugerem que a vida começou nos oceanos há cerca de 4,2-3,8 mil milhões de anos, mas não há registo de fósseis. Os fósseis mais antigos conhecidos são bactérias, cerca de 3,5 mil milhões de anos de idade. Nas rochas desta idade há provas fósseis de metabolismos bastante avançados que utilizavam a energia solar para sintetizar material orgânico. As primeiras reacções autotróficas (auto-alimentação) foram provavelmente baseadas no enxofre (S), fornecido a partir de respiradouros vulcânicos. A produção de oxigénio durante a fotossíntese teve um efeito profundo. Inicialmente, o gás oxigénio (O2) era rapidamente consumido, oxidando compostos reduzidos e minerais. No entanto, uma vez que a taxa de fornecimento excedeu o consumo, o O2 começou a acumular-se na atmosfera. A biosfera primitiva, mortalmente ameaçada pelo seu próprio subproduto venenoso (O2), foi forçada a adaptar-se a esta mudança. Fê-lo através da evolução de novos metabolismos biogeoquímicos, aqueles que hoje suportam a diversidade da vida na Terra. Gradualmente, uma atmosfera de composição moderna evoluiu. Além disso, o oxigénio na estratosfera sofreu reacções fotoquímicas, levando à formação de ozono (O3), protegendo a Terra da radiação ultravioleta. Este escudo permitiu que organismos mais elevados colonizassem as superfícies terrestres continentais. Nas últimas décadas, alguns cientistas argumentaram que a Terra actua como uma única entidade viva em vez de um sistema geoquímico conduzido aleatoriamente.

Tem havido muito debate filosófico sobre este assunto, muitas vezes chamado a hipótese Gaia, e mais recentemente, a teoria Gaia. Esta visão, sugerida por James Lovelock, argumenta que a biologia controla a habitabilidade do planeta, tornando a atmosfera, os oceanos e o ambiente terrestre confortáveis para sustentar e desenvolver a vida. Há pouco consenso sobre estas noções gaulesas, mas as ideias de Lovelock e outras estimularam um debate activo sobre o papel dos organismos na mediação dos ciclos geoquímicos. Muitos cientistas utilizam o termo "ciclos biogeoquímicos", que reconhece o papel dos organismos na influência dos sistemas geoquímicos.

1.4 Efeitos dos ciclos biogeoquímicos

Ao discutir a química dos ambientes próximos da superfície da Terra é importante distinguir entre diferentes tipos de alterações aos sistemas terrestres causadas pelo homem. Duas categorias principais podem ser distinguidas:

- Adição ao ambiente de químicos exóticos como resultado de novas substâncias sintetizadas e fabricadas pela indústria.
- Alteração para ciclos naturais através da adição ou subtracção de produtos químicos existentes por efeitos cíclicos normais e/ou induzidos pelo homem.

A primeira categoria de mudança química é provavelmente a mais fácil de compreender. Alguns exemplos de substâncias que são encontradas no ambiente apenas como resultado de actividades humanas são os pesticidas, tais como 2,2-bis(pclorofenil)-1,1,1-tricloroetano (DDT), que é decomposto por bactérias no solo para produzir uma série de outros compostos exóticos; bifenilos policlorados (PCB), que têm muitas utilizações industriais e são lentos a degradar-se no ambiente; tributilestanho (TBT), que é utilizado em tintas marinhas para inibir os organismos de se fixarem nos cascos dos navios; muitos medicamentos; alguns radionuclídeos; e uma gama de compostos de clorofluorocarbono (CFC), que foram desenvolvidos para utilização como propulsores de aerossóis, como refrigerantes e no fabrico de espumas sólidas. Foi calculado que a indústria química sintetizou vários milhões de produtos químicos diferentes (principalmente orgânicos) nunca antes vistos na Terra. Embora apenas uma pequena fracção destes químicos seja fabricada em quantidades comerciais, estima-se que aproximadamente um terço da produção total escapa ao ambiente. O ambiente é difícil de prever, uma vez que não existem frequentemente compostos naturais semelhantes PCB (policlorados dieléctricos em Resistência a bifenilos) transformadores; fluidos hidráulicos de decomposição carcinogénicos e muitos outros usos TBT (estanho tributil) (CH3(CH2)3)3S

Antivegetativo Afecta a reprodução sexual em tintas marinhas reprodução de CFC de crustáceos, por exemplo, F-11, CCl3F Propulsor de aerossóis. Uma nova substância pode ser benigna, mas a nossa falta de conhecimento pode levar a consequências imprevistas e por vezes prejudiciais. Por exemplo, devido à inércia química dos CFC, quando estes foram introduzidos pela primeira vez, presumiu-se que seriam completamente inofensivos para o ambiente. Isto foi verdade em todos os reservatórios ambientais excepto nas camadas superiores da atmosfera (estratosfera), onde foram decompostos pela radiação solar. Os produtos de decomposição dos CFC levaram à destruição do ozono (O3), que forma uma barreira natural, protegendo a vida animal e vegetal da radiação ultravioleta (UV) nociva proveniente do sol (ver secção 3.10). A segunda categoria de alterações químicas diz respeito às alterações naturais ou induzidas pelo homem aos ciclos existentes. O ciclo destes elementos tem ocorrido ao longo dos 4,5 mil milhões de anos de história da Terra. Além disso, o aparecimento da vida no planeta teve uma profunda influência em ambos os ciclos. Além de serem afectados pela biologia, os ciclos de carbono e enxofre são também influenciados por alterações nas propriedades físicas, tais como a temperatura, que variaram substancialmente durante a história da Terra, por exemplo, entre períodos glaciais e interglaciais. É também evidente que as alterações nos ciclos do carbono e do enxofre podem influenciar o clima, afectando variáveis como a cobertura de nuvens e a temperatura. Nos últimos cem anos, as actividades do homem perturbaram tanto estes como outros ciclos naturais. Tais alterações antropogénicas dos ciclos naturais essencialmente imitam e, em alguns casos, melhoram ou aceleram o que a natureza faz de qualquer forma. Em contraste com a situação dos produtos químicos exóticos descrita anteriormente, as alterações aos ciclos naturais deveriam ser mais fáceis de prever, uma vez que o processo é de valorização do que já ocorre, e não de adição de algo completamente novo. Assim, o conhecimento de como um sistema natural funciona agora e tem funcionado no passado deveria ser útil na previsão dos efeitos das mudanças induzidas pelo homem. No entanto, somos frequentemente menos capazes de fazer tais previsões do que gostaríamos de ser, devido à nossa ignorância do modo de funcionamento passado e presente dos ciclos químicos naturais.

1.5 Ordem nos elementos

É útil para compreender como o número atómico (Z) de um elemento, e os seus níveis de energia electrónica permitem que um elemento seja classificado. O electrão é o componente do átomo utilizado na colagem (Secção 2.3). Durante a ligação, os electrões ou são doados de um átomo para outro, ou partilhados; em qualquer dos casos, o electrão é prisado longe do átomo. Uma forma de ordenar os elementos é, portanto, determinar a facilidade de remover um electrão do seu átomo. Os químicos chamam a energia necessária para separar o electrão mais solto dos átomos, a energia de ionização. O número de componentes carregados positivamente (protões, Z) num átomo é equilibrado pelo mesmo número de electrões carregados negativamente que formam uma "nuvem" em torno do núcleo. Embora os electrões não sigam órbitas precisas em torno do núcleo, ocupam domínios espaciais específicos chamados orbitais. Só precisamos de pensar em termos de camadas destas orbitais. Os electrões nas orbitais mais próximas do núcleo são firmemente mantidos por atração eletrostática formando núcleos de electrões que nunca participam em reacções químicas. Os que estão mais afastados do núcleo são menos apertados e podem ser utilizados em 'transacções' com outros átomos. Estes electrões soltos são conhecidos como electrões de valência. Os electrões ocupam normalmente espaços disponíveis nas orbitais de energia mais baixas, de tal forma que a energia dita a distribuição dos electrões em torno do núcleo. Os electrões de valência residem nos níveis de energia mais elevados ocupados e são, portanto, os mais fáceis de remover. Por exemplo, o elemento sódio (Na) tem um número Z de 11. Isto significa que o sódio tem 11 electrões, 10 dos quais são electrões de núcleo, e um electrão de valência. É este único electrão de valência que dita a forma como o sódio se comporta nas reacções químicas. Plotar a energia esperada da primeira ionização, ou seja, a energia necessária para destacar o electrão de valência mais solto do átomo, contra o número atómico, mostra que à medida que o número atómico aumenta, a energia necessária para destacar electrões de valência diminui de Z = 1 (H) para Z = 20 (Ca). Neste diagrama, a carga nuclear crescente entre o hidrogénio (H) e o cálcio (Ca) tem sido desconsiderada. Os claros passos para baixo na energia marcam grandes lacunas energéticas onde os electrões ocupam orbitais de energia progressivamente mais elevados mais longe do núcleo. Os passos na Fig. 2.1a prevêem uma marcada diferença na estrutura atómica entre hélio (He) e lítio (Li), entre néon (Ne) e sódio (Na) e entre argónio (Ar) e potássio (K). Se a energia de ionização for corrigida para ter em conta a carga nuclear, porque o aumento da carga nuclear torna a remoção de electrões mais difícil, o padrão de energia em cada período torna-se mais como uma rampa. Cada "período" começa com um elemento de energia de ionização manifestamente baixa, os chamados metais alcalinos (Li, Na e K). Cada um destes elementos perde rapidamente o seu electrão de valência único para formar iões de carga única ou monovalentes (Li+, Na+ e K+). Os metais alcalinos são seguidos pelos elementos berílio (Be), magnésio (Mg) e cálcio (Ca), cada um com dois, elétrons de valência relativamente fáceis de remover. Estes elementos formam iões duplamente carregados ou divalentes (Be2+ , Mg2+ e Ca2+) e são conhecidos como metais alcalino-terrosos. A progressão contínua até cada rampa de energia resulta em padrões previsíveis. Por exemplo, o Mg é seguido pelo alumínio (Al) que tem três electrões de valência, e depois o silício com quatro electrões de valência. Progressivamente, é necessária mais energia para remover estes electrões devido à crescente atracção nuclear. Numa tensão eléctrica aplicada, estes electrões excitados fluirão, conduzindo a electricidade, enquanto que nos não metálicos existe uma lacuna na configuração dos electrões que não permitirá a passagem de electrões excitados. No caso dos semimetálicos, o intervalo na configuração electrónica é suficientemente pequeno para que os electrões excitados possam saltar, mas apenas quando activados por uma fonte de energia externa. Com efeito, o semimetálico inverte-se entre ser um isolador (quando não estimulado por energia externa) e um condutor (quando estimulado por energia externa). Semi-metálicos como o silício são também conhecidos como semicondutores, e são utilizados em várias aplicações industriais para acelerar processos eléctricos, mais conhecidos como o componente chave do 'chip de silício' em microprocessadores de computador.

CAPÍTULO 2: CONCEITO DE ATMOSFERA

2.1 Introdução

A química atmosférica tornou-se um assunto de preocupação pública nas últimas duas décadas. Enquanto as complexidades da ciência moderna não costumam desencadear grandes debates políticos e sociais, as mudanças na atmosfera têm evocado grande interesse. Os Chefes de Estado foram forçados a reuniões em Estocolmo, Montreal, Quioto e Joanesburgo e deram a sua atenção ao destino da nossa atmosfera. A televisão, que normalmente relega os assuntos científicos para as horas de menos movimento, tem mostrado imagens coloridas habilmente criadas a partir de medições do buraco de ozono (O3) detectadas remotamente, que têm continuado a suscitar preocupações no século actual. O que tem causado este interesse na atmosfera? A atmosfera é o mais pequeno dos reservatórios geológicos da Terra. É esta dimensão limitada que torna a atmosfera potencialmente tão vulnerável à contaminação. Mesmo a adição de uma pequena quantidade de material pode levar a mudanças significativas na forma como a atmosfera se comporta. Devemos notar que o tempo de mistura da atmosfera é muito rápido. Pelo contrário, a propagação de contaminantes no oceano é muito mais lenta e nos outros reservatórios da Terra ocorre apenas ao longo de períodos geológicos de milhões de anos.

3.1 Introdução A atmosfera está nas notícias! A química atmosférica tornou-se um assunto de preocupação pública nas últimas duas décadas. Enquanto as complexidades da ciência moderna não costumam desencadear grandes debates políticos e sociais, as mudanças na atmosfera têm evocado grande interesse. Os Chefes de Estado foram forçados a reuniões em Estocolmo, Montreal, Quioto e Joanesburgo e deram a sua atenção ao destino da nossa atmosfera. A televisão, que normalmente relega os assuntos científicos para horas de menos movimento, tem mostrado imagens coloridas habilmente criadas a partir de medições remotamente sentidas do buraco de ozono (O3) e das enormes emissões dos incêndios florestais de 1997 que têm continuado a suscitar preocupação no século actual. O que tem causado este interesse na atmosfera? A atmosfera é o mais pequeno dos reservatórios geológicos da Terra (Fig. 3.1). É esta dimensão limitada que torna a atmosfera potencialmente tão vulnerável à contaminação.

Mesmo a adição de uma pequena quantidade de material pode levar a mudanças significativas na forma como a atmosfera se comporta. Devemos notar que o tempo de mistura da atmosfera é muito rápido. Os detritos de um grande acidente, como o ocorrido no reactor nuclear de Chernobyl em 1986, podem ser rapidamente detectados em todo o globo. Partículas poluentes da Europa e da América do Norte podem ser detectadas em toda a China. Esta mistura, ao mesmo tempo que distribui amplamente os contaminantes, dilui-os ao mesmo tempo.

Pelo contrário, a propagação de contaminantes no oceano é muito mais lenta e nos outros reservatórios da Terra ocorre apenas ao longo de períodos geológicos de milhões de anos.

2.2 Composição da atmosfera

A composição em massa da atmosfera é bastante semelhante em toda a Terra, devido ao elevado grau de mistura dentro da atmosfera. Esta mistura é impulsionada num sentido horizontal pela rotação da Terra. A mistura vertical é em grande parte o produto do aquecimento da superfície da Terra pela radiação solar recebida. Os oceanos têm uma taxa de mistura muito mais lenta, mas mesmo isto é suficiente para assegurar uma composição a granel relativamente constante, da mesma forma que a atmosfera. No entanto, algumas partes da atmosfera não estão tão bem misturadas e aqui encontram-se alterações bastante profundas na composição a granel. A atmosfera inferior, que é denominada a troposfera, é bem misturada por convecção. As trovoadas são as mais aparentes das forças motrizes convectivas. A temperatura diminui com a altura na troposfera; a energia solar aquece a superfície da Terra e esta, por sua vez, aquece o ar directamente sobreposto, causando a mistura convectiva. Isto acontece porque o ar mais quente que está em contacto com a superfície da Terra é mais leve e tende a subir. Contudo, a uma altura de cerca de 1525 km, a atmosfera é aquecida pela absorção de radiação ultravioleta por oxigénio (O_2) e O_3. O aumento da temperatura com a altura tem o efeito de dar à parte superior da atmosfera grande estabilidade contra a mistura vertical. Isto acontece porque o ar frio pesado na parte inferior não tem tendência a subir. Esta região da atmosfera tem ar em camadas ou estratos distintos e é assim chamada a estratosfera.

A conhecida camada O_3 forma-se a estas altitudes. Apesar desta estabilidade, mesmo a estratosfera é bem misturada em comparação com a atmosfera ainda mais elevada. Acima de cerca de 120 km, a mistura turbulenta é tão fraca que as moléculas de gás individuais podem separar-se sob assentamento gravitacional. Assim, as concentrações relativas de oxigénio atómico (O) e azoto (N) são mais baixas, enquanto que o hidrogénio (H) e o hélio (He) mais leves predominam mais para cima. A parte onde ocorre o assentamento gravitacional é geralmente denominada heterosfera, devido à composição variável. A parte melhor-misturada da atmosfera abaixo é chamada a homosfera. Turbo pausa é o termo dado ao limite que separa estas duas partes. A heterosfera é tão alta (centenas de quilómetros) que a pressão é extremamente baixa, como enfatizado pela escala logarítmica na figura. Numa mistura de gases como a troposfera. Isto significa que os gases individuais na atmosfera irão diminuir de pressão ao mesmo ritmo que a pressão total. É bem conhecido que a atmosfera consiste principalmente de nitrogénio (N2) e O2, com uma pequena percentagem de árgon (Ar). As concentrações dos principais gases estão listadas no Quadro 3.1. A água (H2O) é também um gás importante, mas a sua abundância varia muito. Na atmosfera como um todo, a concentração de água depende da temperatura. O dióxido de carbono (CO2) tem uma concentração muito mais baixa, tal como muitos outros gases relativamente inertes (isto é, não reactivos). Para além da água, e em menor grau do CO2, a maioria destes gases permanece em concentrações bastante constantes na atmosfera.

The Gases	Parts per million (vol)
Nitrogen	756,500
Oxygen	202,900
Water	31,200
Argon	9,000
Carbon Dioxide	305
Neon	17.4
Helium	5.0
Methane	0.97-1.16
Krypton	0.97
Nitrous oxide	0.49
Hydrogen	0.49
Xenon	0.08
Organic vapours	ca.0.02

Tabela 2.1 composição do ar não poluído

2.3 Estado estável ou equilíbrio

Vamos verificar a presença de um gás residual individual na atmosfera. Vamos tomar metano (CH4), não um gás especialmente reactivo. Ele está presente na atmosfera a cerca de 1,7 ppm. O metano pode ser imaginado para reagir com O2 da seguinte forma:

$$CH_4 + 2O_2 \rightarrow CO_2 + H_2O$$

A reacção pode ser representada como uma situação de equilíbrio (Caixa 3.2) e descrita pela equação convencional:

$$K = \frac{cCO_2 \cdot cH_2O}{cCH_4 \cdot c2O_2}$$

A constante de equilíbrio (K) é cerca de 10^{140}. Este é um número extremamente grande, o que sugere que a posição de equilíbrio desta reacção está muito à direita e que o CH4 deve tender a estar em baixas concentrações na atmosfera. Quão baixo? Podemos calcular isto rearranjando a equação e resolvendo para o CH4 que correu mal? Esta simples ideia diz-nos que os gases na atmosfera não estão necessariamente em equilíbrio. Isto não significa que a composição atmosférica seja especialmente instável, mas apenas que não é governada pelo equilíbrio químico. Muitos gases vestigiais na atmosfera estão em estado estável. O estado estacionário descreve o delicado equilíbrio entre a entrada e a saída do gás para a atmosfera. A noção de um equilíbrio entre a fonte de um gás para a atmosfera e os sumidouros desse gás é extremamente importante.

Para estar em estado estacionário, o termo de entrada deve ser igual ao termo de saída. Imagine a atmosfera como um balde com fugas para o qual uma torneira está a deitar água. O balde encheria durante algum tempo até a pressão subir e as fugas serem suficientemente rápidas para corresponder à taxa de entrada. Nessa altura, poderíamos dizer que o sistema estava em estado estável. A entrada de metano na atmosfera ocorre a uma taxa de 500 Tg yr-1 (ou seja, 500* 10^9 kg yr-1). Vimos que a atmosfera tem CH4 a uma concentração de 1,7 ppm. A massa atmosférica total é de 5,2 * 1018 kg. Se tivermos em conta as ligeiras diferenças entre a massa molecular de CH4 e a da atmosfera como um todo (ou seja 16/29), a massa total de CH4 na atmosfera pode ser estimada em 4,8 * 10^{12} kg. Isto representa a vida média de uma molécula de CH4 na atmosfera (pelo menos, seria se a atmosfera estivesse muito bem misturada). O tempo de residência é a quantidade fundamental que descreve sistemas em estado estacionário. É um conceito muito poderoso que desempenha um papel central em grande parte da química ambiental. Compostos com tempos de residência longos podem acumular-se a concentrações relativamente elevadas em comparação com os que têm tempos de residência mais curtos.

2.4 Fontes naturais

Uma vez que a atmosfera pode ser tratada, em grande escala, como se estivesse em estado estável, temos um modelo que vê a atmosfera como tendo fontes, um reservatório e processos de remoção, tudo em delicado equilíbrio. As fontes precisam de ser bastante estáveis a longo prazo. Se não estiverem, então o equilíbrio irá mudar. Em termos da nossa analogia anterior, o nível no balde com fugas irá mudar. O exemplo mais conhecido, e mais preocupante, de tal mudança é a magnitude crescente da fonte de CO2 devido ao consumo de grandes quantidades de combustível fóssil por actividades humanas. Isto deu origem a um aumento contínuo da concentração de CO2 na atmosfera. O aumento previsto da temperatura é devido ao efeito de estufa. Existem muitas fontes de componentes vestigiais na atmosfera, que podem ser divididas em diferentes categorias, tais como fontes geoquímicas, biológicas e humanas ou antropogénicas. Algumas destas fontes são difíceis de categorizar. Será um incêndio florestal uma fonte geoquímica, biológica ou humana, particularmente se a floresta foi plantada ou o incêndio começou através de actividades humanas? Embora as nossas definições se possam tornar um pouco confusas, é no entanto útil categorizar as fontes.

2.4.1 Fontes geoquímicas

Talvez as maiores fontes geoquímicas sejam as poeiras sopradas pelo vento e as pulverizações marítimas, que colocam enormes quantidades de material sólido na atmosfera (ver também Capítulo 6). A poeira é em grande parte solo de regiões áridas da Terra. Se esta poeira for suficientemente fina, pode espalhar-se por grandes áreas do globo e é importante na redistribuição de material. Contudo, muitas vezes, os efeitos químicos do pó na atmosfera não são particularmente evidentes, porque o pó não é quimicamente muito reactivo. Pelo contrário, o spray marítimo soprado pelo vento coloca uma entidade mais reactiva na atmosfera como partículas de sal. As partículas de sal dos oceanos são higroscópicas e em condições húmidas estes minúsculos cristais de NaCl atraem água e formam uma gota de solução concentrada ou aerossol. Em última análise, este processo pode tomar parte na formação de nuvens. As gotículas podem também ser um local para reacções químicas importantes na atmosfera. Se ácidos fortes na atmosfera, talvez ácido nítrico (HNO3) ou ácido sulfúrico (H2SO4), se dissolverem nestas pequenas gotículas, pode formar-se cloreto de hidrogénio (HCl). Pensa-se que este processo é uma fonte importante de HCl na atmosfera. Os meteoros que chegam também injectam partículas na atmosfera. Esta é uma fonte muito pequena em comparação com o pó soprado pelo vento ou incêndios florestais, mas os meteoros contribuem para as partes superiores da atmosfera onde o gás está a uma baixa densidade. Aqui, uma pequena contribuição pode ser particularmente significativa e os metais ablacionados pelos meteoros que chegam entram numa série de reacções químicas. Os vulcões são uma grande fonte de poeira e erupções particularmente potentes podem empurrar a poeira para a estratosfera. Há muito que se sabe que as partículas vulcânicas podem alterar a temperatura global ao bloquearem a luz solar. Podem também perturbar a química a grandes altitudes. Juntamente com a poeira, os vulcões são enormes fontes de gases tais como dióxido de enxofre (SO2), CO2, HCl e fluoreto de hidrogénio (HF). Estes gases podem reagir na estratosfera para fornecer uma outra fonte de partículas, sendo o H2SO4 a partícula mais importante produzida indirectamente a partir de vulcões. É importante perceber que a fonte vulcânica é muito descontínua, tanto no tempo como no espaço. As grandes erupções vulcânicas são pouco frequentes. Pode ser que passem anos sem que haja realmente grandes erupções e, de repente, mais material.

é divulgado num único evento do que durante muitos anos antes. As erupções ocorrem em locais muito específicos, onde existem vulcões activos. Para além das erupções maciças que empurram grandes quantidades de material para as partes superiores da atmosfera, não devemos negligenciar as emissões fumarólicas mais pequenas, provenientes de fissuras e fissuras vulcânicas, que libertam suavemente gases para a atmosfera inferior durante períodos de tempo muito longos. O equilíbrio entre estas duas fontes vulcânicas não é conhecido com precisão, embora para o SO2 seja provavelmente de cerca de 50 : 50. Elementos radioactivos nas rochas (ver secção 2.8), mais importante potássio (K) e elementos pesados como o rádio (Ra), urânio (U) e tório (Th), podem libertar gases. O árgon (Ar) surge da decomposição do potássio e o rádon (Rn, um gás radioactivo que tem uma meia-vida de 3,8 dias) da decomposição do rádio. A série de decaimento urânio-tório resulta na produção de partículas, que são núcleos de hélio. Uma vez que estes núcleos capturam electrões, o hélio foi efectivamente adicionado à atmosfera. O hélio não se acumulou na atmosfera ao longo do tempo, porque é suficientemente leve para escapar para o espaço. A concentração de hélio foi assim mantida em estado estável através de um equilíbrio entre a emanação radioactiva da crosta e a perda do topo da atmosfera.

2.4.2 Fontes biológicas

Ao contrário das fontes geológicas, a biologia não parece ser uma grande fonte directa de partículas para a atmosfera, a menos que consideremos os incêndios florestais como uma fonte biológica,os incêndios florestais são uma fonte bastante importante de carbono (C), ou seja, partículas de fuligem. A floresta viva desempenha também um papel importante na troca de gases com a atmosfera. Os principais gases O2 e CO2 estão, naturalmente, envolvidos na respiração e na fotossíntese. No entanto, as florestas também emitem enormes quantidades de compostos orgânicos vestigiais. Os terpenos, (uma classe de lípidos) como o pineno e o limoneno, dão às florestas o seu maravilhoso odor. Embora as florestas sejam óbvias como fontes de gás, são os microorganismos que são especialmente importantes na geração de gases vestigiais atmosféricos. O metano, que já discutimos, é gerado por reacções em sistemas anaeróbicos. Os solos húmidos, como os encontrados em pântanos ou arrozais, são importantes ambientes microbiologicamente dominados, tal como as vias digestivas de ruminantes, como o gado. Os solos da Terra são ricos em compostos de azoto, dando origem a toda uma gama de química activa de azoto que gera muitos gases vestigiais de azoto. Podemos considerar a ureia (NH2CONH2), presente na urina animal, como um composto de nitrogénio típico gerado biologicamente no solo.

transformation	genes	encoding enzyme
$N_2 \rightarrow NH_3$	*nifHDK*	nitrogenase
$NO_3^- \rightarrow NO_2^-$	*narG*	dissimilatory nitrate reductase
$NO_2^- \rightarrow NO$	*nirS, nirK*	nitrite reductase haem cd_1 and copper nitrite reductase
$NO \rightarrow N_2O$	*norCB*	nitric oxide reductase
$N_2O \rightarrow N_2$	*nosZ*	nitrous oxide reductase
NH_4^+ oxidation	*amo, hao*	ammonia monooxygenase, hydroxylamine oxidoreductase
NO_3^- assimilation	*narB, nasA*	assimilatory nitrate reductase
NO_2^- assimilation	*Nir*	assimilatory nitrite reductase
NH_3 assimilation	*glnA*	glutamine synthetase
organic N metabolism	*ure*	urease

Quadro 2.1. Pia biológica e fontes de óxido nitroso

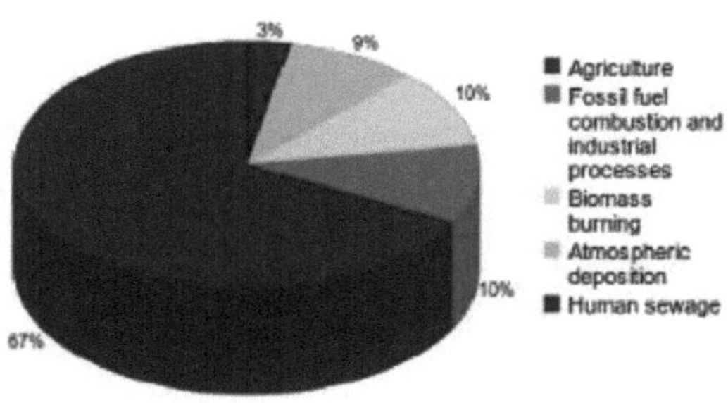

Figura 2.1 fontes de óxidos nitrosos

Os microrganismos nos oceanos também provam ser uma enorme fonte de gases vestigiais atmosféricos. A água do mar é rica em sulfato dissolvido e cloreto (e, em menor grau, em sais dos outros halogéneos: flúor (F), bromo (Br) e iodo (I)). Os microorganismos marinhos metabolizam estes elementos, por razões que não são devidamente compreendidas, para gerar enxofre (S) e gases residuais contendo halogéneos. No entanto, a concentração de nitrato da água do mar de superfície é tão baixa que os oceanos são efectivamente um deserto de azoto. Isto significa que a água do mar não é uma fonte tão grande de gases vestigiais contendo nitrogénio. Os sulfuretos orgânicos produzidos por microrganismos marinhos dão uma contribuição particularmente significativa para a carga de enxofre atmosférico. O composto mais característico é o sulfureto de dimetilo (DMS; (CH3)2S

Este composto volátil é produzido pelo fitoplâncton marinho, como o Phaeocystis poucheti, nas camadas superiores do oceano pela hidrólise do beta-dimetilsulfonio propionato (DMSP; (CH3)2S+ CH2CH2COO-) a DMS e ácido acrílico (CH2CHCOOOH)

Os compostos orgânicos halogenados são bem conhecidos na atmosfera. Embora estes tenham uma fonte humana óbvia, estando presentes em fluidos de limpeza, extintores de incêndio e propulsores de aerossóis, têm também uma vasta gama de fontes biológicas. O cloreto de metilo (CH3Cl) é o halocarbono mais abundante na atmosfera e surge principalmente de fontes marinhas mal compreendidas, embora os processos microbiológicos terrestres e a queima de biomassa também contribuam. Os compostos orgânicos contendo bromo e iodo são também libertados dos oceanos e a distribuição deste iodo marinho sobre a massa terrestre representa uma importante fonte deste elemento vestigial essencial para os mamíferos. Como se poderia prever, a doença da carência de iodo, bócio, tem sido comum em regiões afastadas dos oceanos.

2.5 Reatividade das substâncias vestigiais

Os gases com tempos de residência curtos na atmosfera são claramente aqueles que podem ser removidos facilmente. Alguns destes gases são removidos ao serem absorvidos por plantas ou sólidos ou em água. No entanto, as reacções químicas são a razão habitual para um gás ter um tempo de residência curto. O que faz com que os gases reajam na atmosfera? Na realidade, a entidade reactiva mais importante na atmosfera é um fragmento de uma molécula de água, o radical hidroxilo (OH). Este radical (um fragmento molecular reactivo) é formado pela reacção fotoquimicamente iniciada.

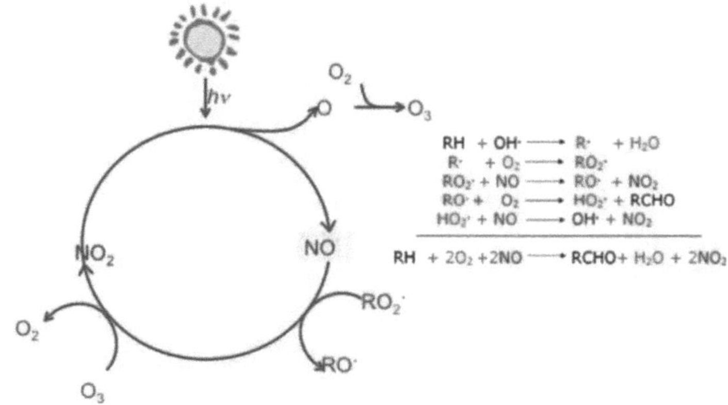

Figura 2.2 reacções fotoquímicas radicais livres

N2O e mesmo CH4 têm longos períodos de residência. Os CFC (clorofluorocarbonos, refrigerantes e propulsores de aerossóis) também têm uma reactividade muito limitada com OH. Gases como estes acumulam-se na atmosfera e acabam por se infiltrar através da tropopausa na estratosfera. Aqui ocorre uma química muito diferente, já não dominada pelo OH, mas por reacções que envolvem oxigénio atómico (i.e. O). Os gases que reagem com o oxigénio atómico na estratosfera podem interferir com a produção de O3. e podem ser responsáveis pelo esgotamento da camada estratosférica de O3. Isto significa que os CFC são os principais candidatos a causar danos ao O3 estratosférico (Secção 3.10). Devemos notar que os compostos de azoto também são prejudiciais ao O3 se puderem ser transportados para a estratosfera, porque estão envolvidos em sequências de reacção semelhantes. Já vimos que é pouco provável que o NO2 troposférico seja transferido para a estratosfera. No entanto, foram os compostos de azoto provenientes dos exaustores de aviões comerciais supersónicos voando a grande altitude que mais cedo sugeriram contaminantes preocupantes. Neste caso, os gases não tinham de ser não reactivos e transferidos lentamente para a estratosfera, mas foram injectados directamente a partir dos motores das aeronaves. Uma grande frota de transporte da estratosfera nunca surgiu, pelo que a atenção se voltou agora para o N2O, um óxido de azoto muito mais inerte produzido ao nível do solo e bastante capaz de penetrar na estratosfera. Finalmente, devemos notar que algumas reacções levam à formação de partículas na atmosfera. A maioria das partículas são efectivamente removidas pela chuva e têm assim tempos de residência próximos dos 4-10 dias de água atmosférica. Pelo contrário, partículas muito pequenas na gama de 0,1-1mm não são removidas de forma muito eficaz pelas gotículas de chuva e têm tempos de residência bastante mais longos.

2.6 Poluição por partículas

Uma das questões mais notáveis da última década tem sido o aumento da preocupação com partículas finas (ou aerossóis) na atmosfera. Algumas destas preocupações surgiram porque as partículas finas são agora mais visíveis porque reduzimos a emissão de muitos gases poluentes e fumo para a atmosfera. Em alguns casos, as concentrações destas partículas aumentaram no ar urbano. Também tem havido uma consciência crescente de que as partículas finas têm um impacto significativo na saúde As partículas finas são aquelas que são respiráveis. Tradicionalmente, estas teriam sido partículas com menos de 10mm de diâmetro que podem entrar no sistema respiratório. Estas partículas, frequentemente referidas como PM-10 (PM é a abreviatura de partículas em suspensão), são geralmente acompanhadas por partículas ainda mais finas de cerca de 2,5mm chamadas PM2,5. Estas partículas mais finas podem penetrar profundamente no pulmão e depositar-se nos alvéolos, os sacos terminais das vias aéreas, onde os gases são trocados com o sangue. Uma vez nos alvéolos, vários processos bioquímicos procuram combater as partículas invasoras que acabam por colocar o indivíduo sob maior stress e em risco devido a uma série de efeitos na saúde. Estas partículas finas provêm de uma série de fontes, incluindo algumas que provêm de processos de combustão. No final do século XX, a crescente importância do motor diesel nos veículos aumentou as concentrações de partículas finas das cidades europeias. O motor diesel pode emitir partículas muito pequenas, talvez apenas 0,1mm de diâmetro, mas estas coagulam facilmente em partículas um pouco maiores. Estas partículas podem também tornar-se revestidas com uma gama de compostos orgânicos, que têm o potencial de serem cancerígenas, contribuindo para o impacto a longo prazo na saúde. Reacções na atmosfera conduzem à formação de partículas secundárias. As mais conhecidas são as partículas de sulfato provenientes da oxidação de SO2. Estas partículas são geralmente ácidas, embora também seja possível uma neutralização parcial para o bissulfato de amónio (NH4HSO4). Estas partículas têm o potencial de ter efeitos irritantes adicionais sobre o sistema respiratório. Nos últimos anos, tem havido um interesse crescente na fracção orgânica dos aerossóis secundários com uma consciência da complexidade da sua química. Quando substâncias orgânicas voláteis reagem na atmosfera, são tipicamente convertidas em aldeídos, cetonas e ácidos orgânicos. Estes compostos orgânicos mais oxidados são normalmente menos voláteis e podem tornar-se associados a partículas. O ácido oxálico, um ácido dicarboxílico (HOOC.COOH), é um pequeno composto orgânico altamente oxidado e é típico dos produtos de oxidação encontrados na atmosfera urbana moderna. É um ácido relativamente forte e nada volátil, tão prontamente incorporado em partículas finas. Este ácido é também capaz de formar complexos com metais como o ferro nas partículas do aerossol. A preocupação com os impactos na saúde de pequenas partículas primárias e secundárias tem impulsionado muita investigação sobre aerossóis no ar urbano. A década de 1990 foi também um período em que houve uma maior sensibilização para o transporte de poluentes provenientes de incêndios florestais de grande escala para áreas com grandes populações. Isto foi mais notoriamente reportado em termos de fumo proveniente de incêndios tropicais no Sudeste Asiático, embora houvesse também preocupações sobre o monóxido de carbono proveniente de incêndios que se propagavam para cidades dos EUA. Na China, Coreia e Japão, observou-se um aumento da neblina no ar à medida que as partículas se deslocavam para leste da China central. Parte do material particulado provém do pó soprado pelo vento, mas este é misturado com poluentes agrícolas e industriais e mesmo a fuligem dos fogões de cozinha. Embora tenha havido muita discussão sobre os efeitos do fumo proveniente de tais fontes sobre a saúde, os estudos têm normalmente tido de se basear em informações sobre aerossóis urbanos, que provavelmente serão bastante diferentes. A queima de biomassa produz muitos milhões de toneladas de fuligem, que tem uma estrutura gráfica e compostos orgânicos característicos, tais como ácido abiético e retene derivado de resinas vegetais. Também é provável que se encontrem potássio e zinco nas partículas provenientes de incêncios florestais.

2.6.1 London smog - poluição primária (smog clássico)

A poluição urbana é em grande parte o produto de processos de combustão. Em épocas antigas, cidades como a Roma Imperial tiveram problemas de poluição devido ao fumo da madeira. Contudo, foi a transição para a queima de combustíveis fósseis que causou o rápido desenvolvimento de problemas de poluição atmosférica. Os habitantes de Londres queimam carvão desde o século XIII. As preocupações e tentativas de regular a queima de carvão começaram quase imediatamente, pois havia um odor perceptível e bastante estranho associado a ela. Os londrinos medievais pensavam que este cheiro poderia estar associado a doenças. Os combustíveis consistem geralmente em hidrocarbonetos, excepto em aplicações particularmente exóticas como a rocha, onde o azoto, o alumínio (Al) e mesmo o berílio (Be) são por vezes utilizados.

A baixas temperaturas, em situações em que há relativamente pouco O_2, as reacções de pirólise (ou seja, reacções em que a decomposição ocorre em resultado do calor) podem causar um rearranjo dos átomos que pode levar à formação de hidrocarbonetos aromáticos policíclicos durante a combustão. Quando os primeiros motores a vapor estavam a ser concebidos, os engenheiros viram que um excesso de oxigénio iria ajudar a converter todo o carbono em CO_2. Para ultrapassar esta situação, adoptaram uma filosofia de "queimar o seu próprio fumo", embora isto exigisse uma perícia considerável para ser implementado e, consequentemente, tivesse apenas um êxito limitado. Para além destes problemas, os contaminantes dentro do combustível também podem causar poluição atmosférica. A impureza mais comum e preocupante nos combustíveis fósseis é o enxofre (S), em parte presente como a pirita mineral, FeS_2. Pode haver até 6% de enxofre em alguns carvões e este é convertido em SO_2 na combustão.

Figura 2.3 smog de Londres 1952

Também existem outras impurezas nos combustíveis, mas o enxofre sempre foi visto como a mais característica dos problemas de poluição atmosférica das cidades. Se olharmos para a composição de vários combustíveis, vemos que estes contêm quantidades bastante variáveis de enxofre. As maiores quantidades de enxofre encontram-se nos carvões e nos óleos combustíveis. Estes são os combustíveis utilizados em fontes estacionárias, tais como caldeiras, fornos (e tradicionalmente motores a vapor), chaminés domésticas, turbinas a vapor e centrais eléctricas. Assim, a principal fonte de poluição de enxofre, e mesmo de fumo, na atmosfera urbana é a fonte estacionária. O fumo também está principalmente associado a fontes estacionárias. Comboios a vapor e barcos causaram o problema ocasional, mas foi a fonte estacionária que foi mais significativa. Para muitas pessoas, o SO2 e o fumo vieram para resumir os problemas tradicionais de poluição atmosférica das cidades. O fumo e o SO2 são obviamente poluentes primários porque são formados directamente numa fonte poluente claramente evidente e entram na atmosfera sob essa forma. Incidentes clássicos de poluição atmosférica em Londres ocorreram sob condições de humidade e nevoeiro no Inverno. A utilização de combustível estava no seu ponto mais alto e o ar quase estagnado. A presença de fumo e nevoeiro em conjunto levou à invenção da palavra smog (fumo e nevoeiro), agora frequentemente utilizada para descrever a poluição atmosférica em geral. O dióxido de enxofre é bastante solúvel, pelo que pode dissolver-se na água que se condensou em torno das partículas de fumo.

Characteristic	Los Angeles (Photochemical smog)	London (Classic smog)
Air temperature	24 to 32°C	-1 to 4°C
Relative humidity	< 70%	85% (+fog)
Visibility	< 0.8 to 1.6 km	< 30 m
Months of most frequent occurrence	August – September	December – January
Time of max. occurrence	Mid-day	Early morning
Major fuels	Oil	Coal and oil products
Principle components	O_3, NOx, CO, VOC	Particles (incl. soot), CO, S-compounds
Chemical condition	Oxidative	Reductive, acidic
Principal health effects	Lung function, cough, shortness of breath O_3) Temporary eye irritation (PAN Peroxyacetylnitrate)	Bronchial irritation, coughing (particles/SO_2)
Effects on materials	Rubber cracked (O_3)	Corrosion of many materials (iron, zinc, sandstone)
Effects on plants	Ozone damage many plants	SO_2, particles and acid fog damage many plants

Quadro 2.2 diferença entre smog clássico e fotoquímico

2.6.2. Los Angeles - poluição secundária (smog fotoquímico)

Os poluentes atmosféricos que temos vindo a discutir até agora têm vindo de fontes estacionárias. Tradicionalmente, as actividades industriais e domésticas nas grandes cidades queimavam carvão. A transição para combustíveis derivados do petróleo neste século assistiu ao aparecimento de um tipo inteiramente novo de poluição atmosférica. Esta forma mais recente de poluição é o resultado da maior volatilidade dos combustíveis líquidos. O veículo automóvel é um consumidor tão importante de combustíveis líquidos que se tornou uma importante fonte de poluição atmosférica contemporânea. No entanto, os poluentes realmente responsáveis por causar os problemas não são eles próprios emitidos pelos veículos a motor. Pelo contrário, eles formam-se na atmosfera. Estes poluentes secundários são formados a partir das reacções de poluentes primários, tais como NO e combustível não queimado, que provêm directamente dos automóveis. As reacções químicas que produzem os poluentes secundários procedem mais eficazmente à luz solar, pelo que a poluição atmosférica resultante é denominada smog fotoquímico.

Characters	London Smog (Sulfurous Smog)	Polish Smog	Photochemical Smog (Los Angeles Smog or Summer Smog)	Natural Smog
Definition	Develops due to high concentration of sulfur oxides in the air	When the temperature drops, inversion takes place and a low-level cloud of pollutants form a dusty cloud	It is produced when sunlight reacts with oxides of nitrogen or at least one VOC [1]	It may result due to volcanoes also known as acid smog (vog) and by plants i.e., natural sources of hydrocarbons and volatile organic compounds
Occurrence	It occurs in cold, humid climates	It occurs in the winter seasons	It occurs in a warm, dry, and sunny climate	It occurs mostly in warm, humid, and summer climate
Effects	It irritates the eyes, causes bronchitis and lung problems	It affects the lungs, causes asthma and cardiovascular diseases	It irritates the eyes, causes obstructive pulmonary disease, cardiovascular disease, and asthma.	Irritation and inflammation of eyes, dry cough, anterior uveitis, breathing difficulties, asthma, subconjunctival hemorrhage.

Quadro 2.2 introdução de diferentes tipos de smog

CAPÍTULO 3: POLUIÇÃO ATMOSFÉRICA

3.1 Introdução

A poluição atmosférica é a maior ameaça ambiental à saúde pública a nível mundial e é responsável por uma estimativa de 7 milhões de mortes prematuras todos os anos. A poluição atmosférica e as alterações climáticas estão intimamente ligadas, uma vez que todos os principais poluentes têm um impacto sobre o clima e a maioria partilha fontes comuns com gases com efeito de estufa. A Nota de Acção de Poluição do PNUA mostra o estado global da poluição atmosférica, as principais fontes, o impacto na saúde humana, e os esforços nacionais para enfrentar esta questão crítica. O ar é composto de ~78% azoto, ~21% oxigénio, ~0,9% árgon. Os restantes elementos incluem dióxido de carbono, vapor de água, hidrogénio, e outros elementos vestigiais. Embora gases como o dióxido de carbono e o metano só possam existir em pequenas concentrações absolutas, o seu potencial de captura de calor sobredimensionado como gases com efeito de estufa torna-os o principal factor de aceleração das alterações climáticas. A poluição atmosférica ocorre quando há uma alteração na composição do ar, quer em volume, quer nas propriedades químicas, físicas ou biológicas. A atmosfera é um equilíbrio delicado de elementos e partículas. Qualquer desequilíbrio, mesmo em pequenas proporções, pode ser prejudicial aos organismos vivos, incluindo animais e culturas.

3.1.1 Explicação

A poluição atmosférica é a contaminação do ar devido à presença de substâncias na atmosfera que são prejudiciais para a saúde dos seres humanos e outros seres vivos, ou que causam danos ao clima ou aos materiais. Existem muitos tipos diferentes de poluentes atmosféricos, tais como gases (incluindo amoníaco, monóxido de carbono, dióxido de enxofre, óxidos nitrosos, metano, dióxido de carbono e clorofluorcarbonetos), partículas (tanto orgânicas como inorgânicas), e moléculas biológicas. A poluição do ar pode causar doenças, alergias, e até morte aos seres humanos; pode também causar danos a outros organismos vivos, tais como animais e culturas alimentares, e pode danificar o ambiente natural (por exemplo, alterações climáticas, diminuição da camada de ozono ou degradação do habitat) ou o ambiente construído (por exemplo, chuva ácida). A poluição atmosférica pode ser causada tanto por actividades humanas como por fenómenos naturais.

A poluição do ar é um factor de risco significativo para várias doenças relacionadas com a poluição, incluindo infecções respiratórias, doenças cardíacas, DPOC, acidentes vasculares cerebrais e cancro do pulmão. Evidências crescentes sugerem que a exposição à poluição do ar pode estar associada a uma redução das pontuações de QI, a uma deficiência da cognição, ao aumento do risco de doenças psiquiátricas como a depressão e a uma saúde perinatal prejudicial. Os efeitos da má qualidade do ar na saúde humana são de grande alcance, mas afectam principalmente o sistema respiratório e o sistema cardiovascular do organismo. As reacções individuais aos poluentes do ar dependem do tipo de poluente a que uma pessoa é exposta, do grau de exposição, e do estado de saúde e genética do indivíduo.

A poluição do ar exterior atribuível apenas à utilização de combustíveis fósseis causa anualmente ~3,61 milhões de mortes, o que o torna um dos maiores contribuintes para a morte humana, com o ozono antropogénico e PM2,5 a causar ~2,1 milhões. Globalmente, a poluição atmosférica causa a morte de cerca de 7 milhões de pessoas em todo o mundo todos os anos, ou uma perda média global da esperança de vida (LLE) de 2,9 anos, e é o maior risco único para a saúde ambiental do mundo, que não mostrou progressos significativos desde pelo menos 2015.A poluição do ar interior e a má qualidade do ar urbano estão listadas como dois dos piores problemas de poluição tóxica do mundo no relatório de 2008 do Blacksmith Institute World's Worst Polluted Places.the scope of the air pollution crisis is large: 90% da população mundial respira ar sujo até certo ponto. Embora as consequências para a saúde sejam extensas, a forma como o problema é tratado é considerada em grande parte aleatória ou negligenciada.

Estima-se que as perdas de produtividade e a degradação da qualidade de vida causadas pela poluição atmosférica custam à economia mundial 5 biliões de dólares por ano, mas, juntamente com os impactos na saúde e mortalidade, são uma externalidade para o sistema económico contemporâneo e para a maior parte da actividade humana, embora por vezes sejam moderadamente regulados e monitorizados. Estão disponíveis várias tecnologias e estratégias de controlo da poluição para reduzir a poluição atmosférica. Várias legislações e regulamentações internacionais e nacionais foram desenvolvidas para limitar os efeitos negativos da poluição atmosférica. Regras locais, quando devidamente executadas, resultaram em avanços significativos na saúde pública. Alguns destes esforços têm sido bem sucedidos a nível internacional, tais como o Protocolo de Montreal, que reduziu a libertação de substâncias químicas nocivas que empobrecem a camada de ozono, e o Protocolo de Helsínquia de 1985, que reduziu as emissões de enxofre, enquanto outros, tais como a acção internacional sobre as alterações climáticas, têm sido menos bem sucedidos.

3.2 Porquê a poluição atmosférica causada?

A poluição atmosférica é causada por uma combinação de poluentes gasosos e partículas poluentes, tais como dióxido de carbono, metano e dióxido de azoto emitido a partir de fontes pontuais, tais como fábricas e veículos automóveis que queimam combustível. Algumas emissões gasosas são visíveis à vista e por vezes podem até difundir-se para a atmosfera e tornar-se invisíveis. A poluição por partículas, por outro lado, como a fuligem e o carbono preto, é sempre visível.

O ar é composto de ~78% azoto, ~21% oxigénio, ~0,9% árgon. Os restantes elementos incluem dióxido de carbono, vapor de água, hidrogénio, e outros oligoelementos. Embora gases como dióxido de carbono e metano só possam existir em pequenas concentrações absolutas, o seu potencial de captura de calor sobredimensionado como gases com efeito de estufa torna-os o principal factor de aceleração das alterações climáticas. A poluição atmosférica ocorre quando há uma alteração na composição do ar, quer em volume, quer nas propriedades químicas, físicas ou biológicas. A atmosfera é um equilíbrio delicado de elementos e partículas. Qualquer desequilíbrio, mesmo em pequenas proporções, pode ser prejudicial aos organismos vivos, incluindo animais e culturas. A poluição do ar é causada por uma combinação de poluentes gasosos e partículas poluentes, tais como dióxido de carbono, metano e dióxido de azoto emitido a partir de fontes pontuais, tais como fábricas e veículos motorizados que queimam combustível. Algumas emissões gasosas são visíveis à vista e por vezes podem até difundir-se para a atmosfera e tornar-se invisíveis. A poluição por partículas, por outro lado, como a fuligem e o carbono preto, é sempre visível.

3.3 Fontes de poluição atmosférica

3.3.1 Fontes antropogénicas (de origem humana)

Estes estão na sua maioria relacionados com a queima de combustível.

- As fontes estacionárias incluem:

  - o As centrais eléctricas alimentadas a combustíveis fósseis e as centrais eléctricas alimentadas a biomassa têm ambas chaminés de fumo (ver, por exemplo, o impacto ambiental da indústria do carvão)

    - Locais de petróleo e gás que têm fugas de metano

  - o queima de biomassa tradicional, como madeira, resíduos de culturas e estrume. (Nos países em desenvolvimento e pobres, a queima tradicional de biomassa é a principal fonte de poluentes atmosféricos. É também a principal fonte de poluição por partículas em muitas áreas desenvolvidas, incluindo o Reino Unido e Nova Gales do Sul. Os seus poluentes incluem os HAP.

  - o instalações de fabrico (fábricas)

    - um estudo de 2014 descobriu que na China os sectores do equipamento -, maquinaria e dispositivos - fabrico e construção contribuíram em mais de 50% para as emissões de poluentes atmosféricos. Esta elevada emissão deve-se à elevada intensidade de emissão e aos elevados factores de emissão na sua estrutura industrial.

  - o incineração de resíduos (incineradoras bem como incêndios abertos e incontrolados de resíduos mal geridos, constituindo cerca de um quarto dos resíduos sólidos urbanos terrestres)

  - o fornos e outros tipos de dispositivos de aquecimento por queima de combustível

- As fontes móveis incluem veículos motorizados, comboios (particularmente locomotivas diesel e DMU), embarcações marítimas e aeronaves, bem como foguetes e reentrada de componentes e detritos. A externalidade da poluição atmosférica dos automóveis entra no ar a partir dos gases de escape e pneus de automóveis (incluindo microplásticos). Os veículos foram reportados como "produzindo cerca de um terço de toda a poluição atmosférica dos EUA" e são um dos principais motores das alterações climáticas.

- Estratégias de agricultura e gestão florestal utilizando queimadas controladas. Práticas como o corte e queimadas em florestas como a Amazónia causam grande poluição atmosférica com a desflorestação. As queimadas controladas ou prescritas são uma prática utilizada na gestão florestal, agricultura, restauração de pradarias e redução de gases com efeito de estufa. As florestas podem utilizar o fogo controlado como ferramenta porque o fogo é uma característica natural tanto da ecologia das florestas como das pastagens. A queima controlada encoraja a brotação de algumas árvores florestais desejáveis, resultando numa renovação florestal.

Existem também fontes de outros processos para além da combustão:

- Fumos de tinta, spray para cabelo, verniz, sprays de aerossol e outros solventes. Estes podem ser substanciais; as emissões provenientes destas fontes foram estimadas como sendo responsáveis por quase metade da poluição proveniente de compostos orgânicos voláteis na bacia de Los Angeles na década de 2010.

- A deposição de resíduos em aterros produz metano.

- Armas nucleares, gases tóxicos, guerra de germes e foguetes são exemplos de recursos militares.

- As emissões agrícolas e as emissões provenientes da produção de carne ou do gado contribuem substancialmente para a poluição atmosférica

    o As terras agrícolas fertilizadas podem ser uma fonte importante de óxidos de azoto

3.3.2 Fontes naturais

- Tempestade de poeira aproximando-se de Stratford, Texas em 1935. Poeira de fontes naturais, geralmente grandes áreas de terra com pouca ou nenhuma vegetação.

- Metano, emitido pela digestão de alimentos por animais, por exemplo gado

  - Gás rádon da decadência radioactiva dentro da crosta terrestre. O rádon é um gás nobre radioactivo incolor, inodoro e natural, que se forma a partir do decaimento do rádio. É considerado como um risco para a saúde. O gás rádon de fontes naturais pode acumular-se em edifícios, especialmente em áreas confinadas como o porão e é a segunda causa mais frequente de cancro do pulmão, depois do fumo do cigarro.

  - Fumo e monóxido de carbono provenientes de incêndios florestais. Durante períodos de fogos activos, o fumo proveniente da combustão descontrolada de biomassa pode constituir quase 75% de toda a poluição atmosférica por concentração.

  - A vegetação, em algumas regiões, emite quantidades ambientais significativas de compostos orgânicos voláteis (COV) em dias mais quentes. Estes COV reagem com poluentes antropogénicos primários especificamente, NOx, SO2, e compostos de carbono orgânicos antropogénicos para produzir uma névoa sazonal de poluentes secundários. Goma preta, choupo, carvalho e salgueiro são alguns exemplos de vegetação que podem produzir COVs abundantes. A produção de COV a partir destas espécies resulta em níveis de ozono até oito vezes superiores aos das espécies de árvores de baixo impacto.

  - Actividade vulcânica, que produz enxofre, cloro e partículas de cinzas

3.4 Factor de emissão

Os factores de emissão de poluentes atmosféricos são valores representativos que visam ligar a quantidade de um poluente libertado no ar ambiente a uma actividade relacionada com a libertação desse poluente. O peso do poluente dividido por uma unidade de peso, volume, distância ou tempo da actividade geradora do poluente é a forma como estes factores são normalmente declarados (por exemplo, quilogramas de partículas emitidas por tonelada de carvão queimado). Estes critérios facilitam a estimativa das emissões provenientes de diversas fontes de poluição. Na maioria das vezes, estes componentes são apenas médias de todos os dados disponíveis de qualidade aceitável, e pensa-se que são típicas de médias a longo prazo. Existem 12 compostos na lista de poluentes orgânicos persistentes. Dioxinas e furanos são dois deles e criados intencionalmente pela combustão de compostos orgânicos, como a queima de plásticos a céu aberto. Estes compostos são também desreguladores endócrinos e podem mutilar os genes humanos.

3.5 Causas e efeitos da poluição atmosférica:

(1) Efeito Estufa

(2) Contaminação por partículas

(3) Aumento da radiação UV

(4) Chuva ácida

(5) Aumento da concentração de ozono ao nível do solo

(6) Aumento dos níveis de óxidos de azoto

Um poluente atmosférico é um material no ar que pode ter efeitos adversos sobre os seres humanos e o ecossistema. A substância pode ser partículas sólidas, gotículas líquidas, ou gases. Um poluente pode ser de origem natural ou de origem humana. Os poluentes são classificados como primários ou secundários. Os poluentes primários são geralmente produzidos por processos como as cinzas de uma erupção vulcânica. Outros exemplos incluem o gás monóxido de carbono proveniente de exaustores de veículos motorizados ou o dióxido de enxofre libertado das fábricas. Os poluentes secundários não são emitidos directamente. Pelo contrário, eles formam-se no ar quando os poluentes primários reagem ou interagem. O ozono ao nível do solo é um exemplo proeminente de um poluente secundário. Alguns poluentes podem ser tanto primários como secundários: ambos são emitidos directamente e formam-se a partir de outros poluentes primários.

3.6 Poluente emitido

Os poluentes emitidos para a atmosfera pela actividade humana incluem:

3.6.1 Dióxido de carbono (CO2)

Devido ao seu papel como gás com efeito de estufa, tem sido descrito como "o principal poluente" e "o pior poluente climático". O dióxido de carbono é um componente natural da atmosfera, essencial para a vida das plantas e libertado pelo sistema respiratório humano. Esta questão de terminologia tem efeitos práticos, por exemplo, como determinando se a Lei do Ar Limpo dos EUA é considerada como reguladora das emissões de CO2. O CO2 forma actualmente cerca de 410 partes por milhão (ppm) da atmosfera terrestre, em comparação com cerca de 280 ppm no período pré-industrial, e milhares de milhões de toneladas métricas de CO2 são emitidas anualmente através da queima de combustíveis fósseis. O aumento de CO2 na atmosfera da Terra tem vindo a acelerar.

3.6.2 Óxidos de enxofre (SOx)

Especialmente dióxido de enxofre, um composto químico com a fórmula SO2. O SO2 é produzido por vulcões e em vários processos industriais. O carvão e o petróleo contêm frequentemente compostos de enxofre, e a sua combustão gera dióxido de enxofre. Uma maior oxidação do SO2, geralmente na presença de um catalisador como o NO2, forma o H2SO4, e assim forma-se a chuva ácida. Este é um dos motivos de preocupação sobre o impacto ambiental da utilização destes combustíveis como fontes de energia.

3.6.3 Óxidos de azoto (NOx)

Os óxidos de azoto, particularmente o dióxido de azoto, são expelidos da combustão a alta temperatura, e são também produzidos durante as trovoadas por descarga eléctrica. Podem ser vistos como uma cúpula de névoa castanha acima ou uma pluma a sotavento das cidades. O dióxido de nitrogénio é um composto químico com a fórmula NO2. É um dos vários óxidos de nitrogénio. Um dos mais proeminentes poluentes atmosféricos, este gás tóxico castanho-avermelhado tem um odor característico, picante.

3.6.4 Monóxido de carbono (CO)

O CO é um gás incolor, inodoro e tóxico [92] É um produto da combustão de combustíveis como o gás natural, carvão ou madeira. O escape dos veículos contribui para a maioria do monóxido de carbono libertado na atmosfera. Cria uma formação do tipo smog no ar que tem estado ligada a muitas doenças pulmonares e perturbações do ambiente natural e dos animais.

3.6.5 Compostos orgânicos voláteis (COV)

Os COVs são um conhecido poluente do ar exterior. São categorizados como metano (CH4) ou não metano (NMVOCs). O metano é um gás com efeito de estufa extremamente eficiente que contribui para aumentar o aquecimento global. Outros hidrocarbonetos COV são também gases com efeito de estufa significativos, devido ao seu papel na criação de ozono e no prolongamento da vida do metano na atmosfera. Este efeito varia em função da qualidade do ar local. Os COV-NM aromáticos benzeno, tolueno e xileno são suspeitos de serem cancerígenos e podem conduzir a leucemia com exposição prolongada. O 1, 3-butadieno é outro composto perigoso frequentemente associado à utilização industrial.

3.6.6 Material particulado

As partículas, também conhecidas como partículas em suspensão (PM), partículas atmosféricas (APM), ou partículas finas, são partículas microscópicas sólidas ou líquidas suspensas num gás. O aerossol, por outro lado, é uma mistura de partículas e gás. Vulcões, tempestades de poeira, incêndios florestais e de prados, plantas vivas, e spray marítimo são todas fontes de partículas. Os aerossóis são produzidos por actividades humanas tais como a combustão de combustíveis fósseis em automóveis, centrais eléctricas, e numerosos processos industriais. A nível mundial, os aerossóis antropogénicos - os produzidos por actividades humanas - representam actualmente cerca de 10% da nossa atmosfera. O aumento dos níveis de partículas finas no ar está ligado a perigos para a saúde, tais como doenças cardíacas, funções pulmonares alteradas e cancro do pulmão. As partículas estão relacionadas com infecções respiratórias e podem ser particularmente nocivas para as pessoas com doenças como a asma.

Os radicais livres persistentes ligados a partículas finas transportadas pelo ar estão ligados a doenças cardiopulmonares.

Metais tóxicos, como o chumbo e o mercúrio, especialmente os seus compostos.

3.6.7 Clorofluorocarbonos (CFCs)

Emitidos de mercadorias cuja utilização é agora proibida; nocivos para a camada de ozono. Estes são gases emitidos por aparelhos de ar condicionado, congeladores, aerossóis e outros dispositivos semelhantes. Os CFC atingem a estratosfera após serem libertados na atmosfera. Interagem com outros gases aqui, causando danos à camada de ozono. Os raios UV são capazes de alcançar a superfície terrestre em resultado disto. Isto pode resultar em cancro da pele, problemas oculares, e até mesmo danos nas plantas.

3.6.8 Amoníaco

Emitidos principalmente por resíduos agrícolas. A amónia é um composto com a fórmula NH3. É normalmente encontrado como um gás com um odor característico pungente. O amoníaco contribui significativamente para as necessidades nutricionais dos organismos terrestres, servindo como precursor de alimentos e fertilizantes. O amoníaco, directa ou indirectamente, é também um bloco de construção para a síntese de muitos fármacos. Embora em larga utilização, o amoníaco é simultaneamente cáustico e perigoso. Na atmosfera, o amoníaco reage com óxidos de azoto e enxofre para formar partículas secundárias.

3.6.9 Poluentes radioactivos

Produzido por explosões nucleares, eventos nucleares, explosivos de guerra e processos naturais tais como o decaimento radioactivo do rádon.

3.6.10 Hidrocarbonetos aromáticos policíclicos (PAHs)

Um grupo de compostos aromáticos formado a partir da combustão incompleta de compostos orgânicos, incluindo carvão, petróleo e tabaco.

3.7 Poluentes secundários

Os poluentes secundários incluem

3.7.1 Nevoeiro fotoquímico

As partículas são formadas a partir de contaminantes primários gasosos e químicos. O smog é um tipo de poluição que ocorre na atmosfera. O smog é causado por um enorme volume de carvão queimado numa determinada região, resultando numa mistura de fumo e dióxido de enxofre. O smog moderno é geralmente causado por emissões automóveis e industriais, que são actuadas na atmosfera pela luz UV do sol para produzir poluentes secundários, que depois se combinam com as emissões primárias para gerar o smog fotoquímico.

3.7.2 Ozono troposférico (O3)

O ozono é criado quando o NOx e os COVs se misturam. É uma parte significativa da troposfera. É também uma parte importante da camada de ozono, que pode ser encontrada em diferentes secções da estratosfera.

As reacções fotoquímicas e químicas que a envolvem alimentam muitas das actividades químicas que ocorrem na atmosfera durante o dia e a noite. É um poluente e um componente do smog que é produzido em grandes quantidades como resultado de actividades humanas (principalmente a combustão de combustíveis fósseis).

3.7.3 Nitrato de peroxiacetilo (C2H3NO5)

Similarmente formado a partir de NOx e COVs.

3.7.4 Pequenos poluentes atmosféricos

Um grande número de pequenos poluentes atmosféricos perigosos. Alguns destes são regulamentados nos EUA ao abrigo da Lei do Ar Limpo e na Europa ao abrigo da Directiva-Quadro do Ar. Uma variedade de poluentes orgânicos persistentes, que podem estar ligados a partículas Os poluentes orgânicos persistentes são compostos orgânicos que são resistentes à degradação ambiental devido a processos químicos, biológicos ou fotolíticos (POP). Como resultado, foram descobertos para sobreviver no ambiente, ser capazes de transmissão a longa distância, bio acumular-se em tecido humano e animal, bio aumentar nas cadeias alimentares, e representar uma grande ameaça para a saúde humana e para o ecossistema.

3.8 Exposição

Até 30% dos europeus que vivem em cidades estão expostos a níveis de poluentes atmosféricos que excedem as normas de qualidade do ar da UE. Cerca de 98% dos europeus que vivem em cidades estão expostos a níveis de poluentes atmosféricos considerados prejudiciais à saúde pelas directrizes mais rigorosas da Organização Mundial de Saúde.

O risco de poluição atmosférica é determinado pelo perigo do poluente e pela quantidade de exposição a esse poluente. A exposição à poluição atmosférica pode ser medida para uma pessoa, um grupo (como um bairro ou as crianças de um país), ou uma população inteira. Por exemplo, deseja-se determinar a exposição de uma área geográfica a uma poluição atmosférica perigosa, tendo em conta os vários microambientes e grupos etários. Isto pode ser calculado como uma exposição por inalação. Isto explicaria a exposição diária em vários ambientes (por exemplo, diferentes microambientes interiores e locais exteriores). A exposição precisa de incluir diferentes idades e outros grupos demográficos, especialmente bebés, crianças, mulheres grávidas, e outras subpopulações sensíveis. Para cada tempo específico em que o subgrupo se encontra no ambiente e envolvido em actividades particulares, a exposição a um poluente atmosférico deve integrar as concentrações do poluente atmosférico relativamente ao tempo gasto em cada ambiente e as respectivas taxas de inalação para cada subgrupo (brincar, cozinhar, ler, trabalhar, passar tempo no trânsito, etc.). A taxa de inalação de uma pequena criança, por exemplo, será inferior à de um adulto. Um jovem envolvido em exercício extenuante terá uma taxa de respiração mais rápida do que uma criança envolvida em actividade sedentária. A exposição diária deve, portanto, incluir a quantidade de tempo gasto em cada cenário microambiental, bem como o tipo de actividades aí realizadas. A concentração de poluentes atmosféricos em cada microactividade/microambiente é somada para indicar a exposição. Para alguns poluentes como o carbono negro, as exposições relacionadas com o tráfego podem dominar a exposição total apesar dos curtos tempos de exposição, uma vez que concentrações elevadas coincidem com a proximidade de estradas principais ou a participação no tráfego (motorizado). Uma grande parte da exposição diária total ocorre como picos curtos de concentrações elevadas, mas continua a não ser claro como definir picos e determinar a sua frequência e impacto na saúde.

3.9 Monitorização da qualidade do ar

A falta de ventilação dentro de casa concentra a poluição do ar onde as pessoas passam muitas vezes a maior parte do seu tempo. O gás rádon (Rn), um cancerígeno, é exsudado da Terra em certos locais e aprisionado dentro de casas. Materiais de construção, incluindo alcatifa e contraplacado, emitem gás de formaldeído (H2CO). A tinta e os solventes libertam compostos orgânicos voláteis (COVs) à medida que secam. A tinta com chumbo pode degenerar em pó e ser inalada. A poluição atmosférica intencional é introduzida com a utilização de ambientadores, incenso, e outros artigos perfumados. Os fogos de lenha controlados em fogões de cozinha e lareiras podem adicionar quantidades significativas de partículas de fumo nocivas ao ar, por dentro e por fora. As mortes por poluição interior podem ser causadas pela utilização de pesticidas e outras pulverizações químicas dentro de casa sem ventilação adequada.

O envenenamento por monóxido de carbono e as mortes são muitas vezes causados por aberturas e chaminés defeituosas, ou pela queima de carvão vegetal dentro de casa ou num espaço confinado, como uma tenda. O envenenamento crónico por monóxido de carbono pode resultar mesmo de luzes piloto mal ajustadas. São construídas armadilhas em todas as canalizações domésticas para manter o gás de esgoto e o sulfureto de hidrogénio, fora dos interiores. O vestuário emite tetracloroetileno, ou outros fluidos de limpeza a seco, durante dias após a limpeza a seco.

Embora a sua utilização tenha sido agora proibida em muitos países, o uso extensivo do amianto em ambientes industriais e domésticos no passado deixou um material potencialmente muito perigoso em muitas localidades. A asbestose é uma condição médica inflamatória crónica que afecta o tecido dos pulmões. Ocorre após uma exposição prolongada e intensa ao amianto proveniente de materiais que contêm amianto em estruturas. As pessoas com asbestose têm uma dispneia grave (falta de ar) e correm um risco acrescido em relação a vários tipos diferentes de cancro do pulmão. Como as explicações claras nem sempre são enfatizadas na literatura não técnica, deve-se ter o cuidado de distinguir entre várias formas de doenças relevantes. Segundo a Organização Mundial de Saúde (OMS), estas podem ser definidas como asbestose, cancro do pulmão, e mesotelioma peritoneal (geralmente uma forma muito rara de cancro, quando mais disseminada está quase sempre associada à exposição prolongada ao amianto).

3.10   Directriz de qualidade do ar

A EPA dos EUA estimou que a limitação da concentração de ozono ao nível do solo a 65 partes por bilião (ppb), evitaria 1.700 a 5.100 mortes prematuras em todo o país em 2020, em comparação com a norma de 75 ppb. A agência projectou que a norma mais protectora evitaria também 26.000 casos adicionais de asma agravada, e mais de um milhão de casos de faltas ao trabalho ou à escola. Na sequência desta avaliação, a EPA agiu para proteger a saúde pública ao baixar as

Normas Nacionais de Qualidade do Ar Ambiente (NAAQS) para o ozono ao nível do solo para 70 ppb. Um novo estudo económico sobre os impactos na saúde e custos associados da poluição atmosférica na bacia de Los Angeles e San Joaquin Valley da Califórnia do Sul mostra que mais de 3.800 pessoas morrem prematuramente (aproximadamente 14 anos antes do normal) todos os anos porque os níveis de poluição atmosférica violam as normas federais. O número de mortes prematuras anuais é consideravelmente mais elevado do que as mortes relacionadas com colisões automáticas na mesma área, que em média são inferiores a 2.000 por ano. Um estudo de 2021 descobriu que a poluição do ar exterior está associada a um aumento substancial da mortalidade "mesmo com níveis de poluição baixos abaixo dos actuais padrões europeus e norte-americanos e dos valores das directrizes da OMS", pouco antes de a OMS ajustar as suas directrizes.

3.11   Efeitos na saúde

Mesmo a níveis inferiores aos considerados seguros pelos reguladores dos Estados Unidos, a exposição a três componentes da poluição atmosférica, partículas finas, dióxido de azoto e ozono, correlaciona-se com doenças cardíacas e respiratórias. Em 2020, a poluição (incluindo a poluição atmosférica) foi um factor que contribuiu para uma em cada oito mortes na Europa, e foi um factor de risco significativo para doenças relacionadas com a poluição, incluindo doenças cardíacas, acidentes vasculares cerebrais e cancro do pulmão. Os efeitos na saúde causados pela poluição do ar podem incluir dificuldade em respirar, sibilo, tosse, asma e agravamento das condições respiratórias e cardíacas existentes. Estes efeitos podem resultar no aumento do uso de medicamentos, aumento das visitas médicas ou de emergência, mais internamentos hospitalares e morte prematura. Os efeitos da má qualidade do ar na saúde humana são de grande alcance, mas afectam principalmente o sistema respiratório e o sistema cardiovascular do corpo. As reacções individuais aos poluentes do ar dependem do tipo de poluente a que uma pessoa é exposta, do grau de exposição, e do estado de saúde e genética do indivíduo. As fontes mais comuns de poluição atmosférica incluem partículas, ozono, dióxido de azoto e dióxido de enxofre. As crianças com menos de cinco anos de idade que vivem em países em desenvolvimento são a população mais vulnerável em termos de total de mortes atribuíveis à poluição do ar interior e exterior. Ao abrigo da Lei do Ar Limpo (CAA), a EPA dos EUA estabelece limites para determinados poluentes atmosféricos, incluindo o estabelecimento de limites sobre a quantidade que pode estar no ar em qualquer parte dos Estados Unidos. Novas investigações demonstram que os resultados biológicos e sanitários das exposições mistas (Exemplo PM + Ozono) podem ser significativamente maiores do que as exposições individuais. A poluição atmosférica tem efeitos agudos e crónicos na saúde humana, afectando uma série de diferentes sistemas e órgãos. Vai desde a irritação respiratória superior menor a doenças respiratórias e cardíacas crónicas, cancro do pulmão, infecções respiratórias agudas em crianças e bronquite crónica em adultos, agravando doenças cardíacas e pulmonares pré-existentes, ou ataques asmáticos. Além disso, as exposições de curto e longo prazo têm também sido ligadas à mortalidade prematura e à redução da esperança de vida.

A OMS estima que em 2016, ~58% das mortes prematuras relacionadas com a poluição do ar exterior foram devidas a doenças cardíacas isquémicas e a acidentes vasculares cerebrais. Os mecanismos que ligam a poluição do ar ao aumento da mortalidade cardiovascular são incertos, mas provavelmente incluem a inflamação pulmonar e sistémica. Segundo a OMS, a poluição atmosférica é responsável por 1 em cada 8 mortes em todo o mundo.

3.11.1 Doenças cardiovasculares

Uma revisão de 2007 das provas revelou que, para a população em geral, a exposição à poluição do ar ambiente é um factor de risco que se correlaciona com o aumento da mortalidade total por eventos cardiovasculares (intervalo: 12% a 14% por 10 pg/m3 de aumento). Um estudo de 2007 concluiu que, nas mulheres, a poluição do ar não está associada a hemorragia, mas sim a acidente vascular cerebral isquémico. A poluição do ar também foi encontrada associada ao aumento da incidência e mortalidade por acidente vascular cerebral coronário num estudo de coorte em 2011. Acredita-se que as associações são causais e os efeitos podem ser mediados por vasoconstrição, inflamação de baixo grau e aterosclerose. Outros mecanismos como o desequilíbrio do sistema nervoso autonómico também foram sugeridos.

3.11.2 Doença pulmonar

A investigação tem demonstrado um risco crescente de desenvolver asma e doença pulmonar obstrutiva crónica (DPOC) devido a uma maior exposição à poluição atmosférica relacionada com o tráfego. Além disso, a poluição do ar tem sido associada ao aumento da hospitalização e mortalidade por asma e DPOC. A DPOC inclui doenças como a bronquite crónica e o enfisema. O risco de doença pulmonar devido à poluição do ar é maior para os seguintes grupos de pessoas: bebés e crianças pequenas, cuja respiração normal é mais rápida do que a das crianças mais velhas e dos adultos; os idosos; aqueles que trabalham fora ou passam muito tempo fora; e aqueles que têm doenças cardíacas ou pulmonares.

Um estudo realizado em 1960-1961 na sequência do Grande Smog de 1952 comparou 293 residentes de Londres com 477 residentes de Gloucester, Peterborough, e Norwich, três cidades com baixas taxas de mortalidade por bronquite crónica. Todos os sujeitos eram camionistas masculinos com idades compreendidas entre os 40 e os 59 anos. Em comparação com os sujeitos das cidades periféricas, os sujeitos londrinos apresentavam sintomas respiratórios mais graves (incluindo tosse, catarro e dispneia), função pulmonar reduzida (VEF1 e pico de fluxo), e aumento da produção de expectoração e purulência. As diferenças foram mais pronunciadas para os indivíduos com idades compreendidas entre os 50 e os 59 anos. O estudo controlou a idade e os hábitos tabágicos, concluindo assim que a poluição do ar era a causa mais provável das diferenças observadas. Mais estudos demonstraram que a exposição à poluição do ar pelo tráfego reduz o desenvolvimento da função pulmonar nas crianças e a função pulmonar pode ser comprometida pela poluição do ar mesmo em baixas concentrações. Acredita-se que, tal como a fibrose cística, ao viver num ambiente mais urbano, os riscos graves para a saúde tornam-se mais aparentes. Estudos demonstraram que nas áreas urbanas as pessoas sofrem de hipersecreção de muco, níveis inferiores de função pulmonar, e mais auto-diagnóstico da bronquite crónica e enfisema.

3.11.3 Cancro (cancro do pulmão)

A exposição desprotegida à poluição atmosférica PM2,5 pode ser equivalente a fumar vários cigarros por dia, aumentando potencialmente o risco de cancro, que é principalmente o resultado de factores ambientais.

Cerca de 300.000 mortes por cancro do pulmão foram atribuídas globalmente em 2019 à exposição a partículas finas, PM2,5, contidas na poluição do ar. Uma análise das provas sobre se a exposição à poluição do ar ambiente é um factor de risco de cancro em 2007 encontrou dados sólidos para concluir que a exposição a longo prazo às PM2,5 (partículas finas) aumenta o risco global de mortalidade não acidental em 6% por um aumento de 10 microg/m3. A exposição às PM2,5 foi também associada a um aumento do risco de mortalidade por cancro do pulmão (intervalo: 15% a 21% por um aumento de 10 microg/m3) e da mortalidade cardiovascular total (intervalo: 12% a 14% por um aumento de 10 microg/m3).

A revisão observou ainda que viver próximo do tráfego intenso parece estar associado a riscos elevados destes três resultados - aumento das mortes por cancro do pulmão, mortes cardiovasculares, e mortes não acidentais em geral. Os revisores também encontraram provas sugestivas de que a exposição a PM2,5 está positivamente associada à mortalidade por doenças coronárias e a exposição a SO2 aumenta a mortalidade por cancro do pulmão, mas os dados foram insuficientes para fornecer conclusões sólidas. Outra investigação mostrou que um maior nível de actividade aumenta a fracção de deposição de partículas de aerossol no pulmão humano e recomendou evitar actividades pesadas como correr no espaço exterior em áreas poluídas.

3.11.4 Doença dos rins

Em 2021, um estudo de 163.197 residentes de Taiwan no período de 2001-2016 estimou que cada redução de 5 pg/m3 na concentração ambiente de PM2,5 estava associada a uma redução de 25% do risco de desenvolvimento de doenças renais crónicas. De acordo com um estudo de acordes envolvendo 10.997 doentes com aterosclerose, uma maior exposição às PM 2,5 está associada a um aumento da albuminúria.

3.11.5 Exposição pré-natal

A exposição pré-natal ao ar poluído tem estado ligada a uma variedade de perturbações do desenvolvimento neurológico em crianças. Por exemplo, a exposição a hidrocarbonetos aromáticos policíclicos (HAP) foi associada a uma redução do QI e a sintomas de ansiedade e depressão. Podem também levar a resultados prejudiciais para a saúde perinatal que são frequentemente fatais nos países em desenvolvimento. Um estudo de 2014 concluiu que os HAP podem desempenhar um papel no desenvolvimento do distúrbio de hiperactividade do défice de atenção infantil (TDAH). Os investigadores também começaram a encontrar provas de poluição atmosférica como factor de risco para a perturbação do espectro do autismo (DDA). Em Los Angeles, as crianças que viviam em zonas com elevados níveis de poluição atmosférica relacionada com o tráfego eram mais susceptíveis de serem diagnosticadas com autismo entre os 3-5 anos de idade. Pensa-se que a ligação entre a poluição do ar e as perturbações do desenvolvimento neurológico em crianças está relacionada com a desregulação epigenética das células germinais primordiais, embrião e feto durante um período crítico. Alguns HAP são considerados desreguladores endócrinos e são lipídicos solúveis. Quando se acumulam em tecido adiposo, podem ser transferidos através da placenta. Para além de tudo, a poluição do ar tem sido associada à prevalência de nascimentos prematuros.

3.11.6 Lactentes

Os níveis ambientais de poluição atmosférica têm sido associados ao nascimento prematuro e ao baixo peso à nascença. Um inquérito mundial da OMS de 2014 sobre saúde materna e perinatal encontrou uma associação estatisticamente significativa entre baixos pesos à nascença (LBW) e aumento dos níveis de exposição às PM2,5. As mulheres em regiões com níveis de PM2,5 superiores à média tinham maiores probabilidades estatisticamente significativas de gravidez, resultando num bebé com baixo peso à nascença, mesmo quando ajustado para variáveis relacionadas com o país. Pensa-se que o efeito seja de estimular a inflamação e aumentar o stress oxidativo.

3.11.7 Sistema nervoso central

Acumulam-se dados de que a exposição à poluição atmosférica também afecta o sistema nervoso central. A poluição do ar aumenta o risco de demência em pessoas com mais de 50 anos de idade. A poluição do ar interior na infância pode afectar negativamente a função cognitiva e o desenvolvimento neurológico. A exposição pré-natal pode também afectar o neurodesenvolvimento. Estudos mostram que a poluição do ar está associada a uma variedade de deficiências de desenvolvimento, stress oxidativo e neuro-inflamação e que pode contribuir para a doença de Alzheimer e de Parkinson. Investigadores do Centro Médico da Universidade de Rochester descobriram que a exposição precoce à poluição atmosférica causa as mesmas alterações no cérebro que o autismo e a esquizofrenia. Este estudo foi publicado na revista Perspectivas de Saúde Ambiental, em Junho de 2014. Também mostrou que a poluição atmosférica também afectava a memória a curto prazo, a capacidade de aprendizagem, e a impulsividade. A investigadora principal Deborah Cory-Slechta afirmou que:

"Quando olhámos de perto para os ventrículos, pudemos ver que a matéria branca que normalmente os rodeia não se tinha desenvolvido completamente. Parece que a inflamação tinha danificado essas células cerebrais e impedido o desenvolvimento dessa região do cérebro, e os ventrículos simplesmente expandiram para preencher o espaço. As nossas descobertas acrescentam ao crescente conjunto de provas de que a poluição do ar pode desempenhar um papel no autismo, bem como em outras perturbações do desenvolvimento neurológico".

A exposição a partículas finas pode aumentar os níveis de citocinas - neurotransmissores produzidos em resposta a infecções e inflamações que estão também associados à depressão e ao suicídio. A poluição tem sido associada à inflamação do cérebro, o que pode perturbar a regulação do humor. De acordo com um estudo da Universidade Americana de Washington DC, os níveis elevados de PM2,5 estão ligados a sintomas depressivos mais auto-relatados, e a aumentos nas taxas diárias de suicídio.

3.11.8 Efeitos agrícolas

Na Índia, em 2014, foi noticiado que a poluição do ar pelo carbono preto e pelo ozono ao nível do solo tinha reduzido os rendimentos das culturas nas áreas mais afectadas em quase metade em 2011, em comparação com os níveis de 1980. Depois de os poluentes atmosféricos entrarem no ambiente agrícola, não só afectam directamente a produção agrícola e a qualidade, como também entram nas águas e solos agrícolas.

3.11.9 Efeitos económicos

A poluição atmosférica custa à economia mundial 5 biliões de dólares por ano como resultado de perdas de produtividade e qualidade de vida degradada, de acordo com um estudo conjunto do Banco Mundial e do Institute for Health Metrics and Evaluation (IHME) da Universidade de Washington. Estas perdas de produtividade são causadas por mortes devidas a doenças causadas pela poluição do ar. Uma em cada dez mortes em 2013 foi causada por doenças associadas à poluição do ar e o problema está a agravar-se. O problema é ainda mais agudo no mundo em desenvolvimento. "As crianças com menos de 5 anos nos países com rendimentos mais baixos têm mais de 60 vezes mais probabilidades de morrer devido à exposição à poluição atmosférica do que as crianças nos países com rendimentos elevados". O relatório afirma que as perdas económicas adicionais causadas pela poluição atmosférica, incluindo os custos de saúde e o efeito adverso sobre a produtividade agrícola e outros, não foram calculadas no relatório, pelo que os custos reais para a economia mundial são muito superiores a 5 triliões de dólares.

3.11.10 Outros efeitos

A poluição artificial do ar pode ser detectável na Terra a partir de pontos de vista distantes, tais como outros sistemas planetários através do SETI atmosférico - incluindo níveis de poluição NO2 e com tecnologia telescópica próxima da actualidade. Também pode ser possível detectar civilizações extraterrestres desta forma.

3.11 Matéria Particulada

A matéria particulada (PM) refere-se à recolha de sólidos e líquidos em suspensão no ar. Estes podem ser nocivos para os seres humanos quando expostos no dia-a-dia, e mais investigação demonstrou que estes efeitos podem ser mais extensos do que se pensava inicialmente; particularmente na fertilidade masculina. Dentro do espectro de PM há diferentes pesos, tais como PM2,5 que são partículas minúsculas de 2,5 microns de largura ou menos, em comparação com PM10 que são classificadas como 10 microns de diâmetro ou menos. Num estudo baseado na Califórnia, verificou-se que à medida que a exposição às PM2,5 aumentava a mobilidade dos espermatozóides diminuía e a morfologia se tornava mais anormal. Do mesmo modo, na Polónia, a exposição às PM2,5 e PM10 leva a um aumento da percentagem de células com cromatina imatura (ADN que não se desenvolveu completamente ou que se desenvolveu anormalmente).

3.12 Poluição do ozono ao nível do solo

O ozono troposférico (O3), quando em altas concentrações, é considerado um poluente atmosférico e é frequentemente encontrado em smog em áreas industriais. O3 é largamente produzido por reacções químicas envolvendo gases NOx (óxidos nitrosos, especialmente da combustão) e compostos orgânicos voláteis na presença da luz solar.

A investigação sobre o efeito que a poluição pelo ozono tem na fertilidade é limitada. Actualmente, não existem provas que sugiram que a exposição ao ozono tenha um efeito deletério sobre a fertilidade espontânea tanto nas fêmeas como nos machos. No entanto, houve estudos que sugerem que níveis elevados de poluição pelo ozono (frequentemente um problema nos meses de Verão) exercem um efeito sobre os resultados da fertilização in vitro (FIV). De facto, dentro de uma população de FIV, os poluentes NOx e ozono estavam ligados a taxas reduzidas de nascimentos vivos.

Além disso, enquanto a maioria da investigação sobre este tópico se concentra na exposição humana directa da poluição atmosférica, outros estudos analisaram o impacto da poluição atmosférica nos gâmetas e embriões nos laboratórios de FIV. Vários estudos relataram uma melhoria acentuada na qualidade do embrião, implantação e taxas de gravidez após os laboratórios de FIV terem implementado filtros de ar num esforço concertado para reduzir os níveis de poluição do ar. Por conseguinte, considera-se que a poluição pelo ozono tem um impacto negativo no sucesso das tecnologias reprodutivas assistidas (ART) quando ocorrem a níveis elevados.

No entanto, pensa-se que o ozono actua de forma bifásica onde se observa um efeito positivo no nascimento vivo quando a exposição ao ozono é limitada a antes da implantação de embriões FIV. Inversamente, é demonstrado um efeito negativo sobre a exposição ao ozono após a implantação do embrião.

Além disso, estudos retrospectivos e prospectivos avaliando o efeito de vários poluentes do tráfego (dos quais o ozono ao nível do solo é um) destacaram uma diminuição significativa das taxas de nascimentos vivos e abortos.

Em termos de fertilidade masculina, o ozono é relatado como causador de uma diminuição significativa da concentração de esperma medida no sémen após a exposição. Do mesmo modo, a vitalidade do esperma (a proporção de espermatozóides vivos numa amostra) foi demonstrada como tendo diminuído num punhado de estudos. Isto demonstra que a poluição do ar pelo ozono apresenta um efeito significativamente negativo da poluição do ar sobre este parâmetro. No entanto, os resultados sobre o efeito da exposição ao ozono na fertilidade masculina são algo discordantes, salientando a necessidade de mais investigação.

Nos Estados Unidos, apesar da aprovação do Clean Air Act em 1970, em 2002, pelo menos 146 milhões de americanos viviam em áreas não abrangidas - regiões em que a concentração de certos poluentes atmosféricos excedia as normas federais. Estes poluentes perigosos são conhecidos como os critérios poluentes, e incluem ozono, partículas em suspensão, dióxido de enxofre, dióxido de azoto, monóxido de carbono, e chumbo. Medidas de protecção para assegurar a saúde das crianças estão a ser tomadas em cidades como Nova Deli, Índia, onde os autocarros utilizam agora gás natural comprimido para ajudar a eliminar o smog "pea-soup". Um estudo recente na Europa descobriu que a exposição a partículas ultrafinas pode aumentar a pressão sanguínea nas crianças. Segundo um relatório da OMS de 2018, o ar poluído leva ao envenenamento de milhões de crianças menores de 15 anos, resultando na morte de cerca de seiscentas mil crianças por ano.

3.13 Catástrofes históricas

A pior crise mundial de poluição civil a curto prazo foi o desastre de Bhopal na Índia em 1984. As fugas de vapores industriais da fábrica da Union Carbide, pertencente à Union Carbide, Inc., EUA (mais tarde comprada pela Dow Chemical Company), mataram pelo menos 3787 pessoas e feriram entre 150.000 e 600.000. O Reino Unido sofreu o seu pior evento de poluição atmosférica quando o Grande Smog de 4 de Dezembro de 1952 se formou sobre Londres. Em seis dias morreram mais de 4.000 pessoas e as estimativas mais recentes situam o número próximo das 12.000. Acredita-se que uma fuga acidental de esporos de antraz de um laboratório de guerra biológica na ex-URSS em 1979 perto de Sverdlovsk tenha causado pelo menos 64 mortes. O pior incidente de poluição atmosférica a ocorrer nos EUA ocorreu em Donora, Pensilvânia, em finais de Outubro de 1948, quando 20 pessoas morreram e mais de 7.000 ficaram feridas.

3.14 Redução e regulação

A prevenção da poluição procura prevenir a poluição, tal como a poluição atmosférica, e poderia incluir ajustamentos às actividades industriais e empresariais, tais como a concepção de processos de fabrico sustentáveis (e os desenhos dos produtos) e regulamentos legais relacionados, bem como esforços no sentido de transições de energias renováveis.

3.15 Controlo da poluição

Estão disponíveis várias tecnologias e estratégias de controlo da poluição para reduzir a poluição atmosférica. No seu nível mais básico, o ordenamento do território envolve provavelmente o planeamento de zonas e infra-estruturas de transporte. Na maioria dos países desenvolvidos, o ordenamento do território é uma parte importante da política social, assegurando que a terra é utilizada eficientemente em benefício da economia e da população em geral, bem como para proteger o ambiente. O dióxido de titânio tem sido investigado pela sua capacidade de reduzir a poluição atmosférica. A luz ultravioleta libertará electrões livres do material, criando assim radicais livres, que quebram os COVs e os gases NOx. Uma forma é super hidrofílica. Foi demonstrado que nanopartículas comedoras de poluição colocadas perto de uma estrada movimentada absorvem a emissão tóxica de cerca de 20 carros por dia.

3.16 Transição energética

Uma vez que uma grande parte da poluição atmosférica é causada pela combustão de combustíveis fósseis como o carvão e o petróleo, a redução destes combustíveis pode reduzir drasticamente a poluição atmosférica. O mais eficaz é a mudança para fontes de energia limpas, tais como a energia eólica, a energia solar, a energia hídrica, que não causam poluição atmosférica. Os esforços para reduzir a poluição de fontes móveis incluem a expansão da regulamentação para novas fontes (tais como navios de cruzeiro e de transporte, equipamento agrícola, e pequeno equipamento alimentado a gás, tais como aparadores de cordas, motosserras, e motos de neve), aumento da eficiência do combustível (tal como através da utilização de veículos híbridos), conversão para combustíveis mais limpos, e conversão para veículos eléctricos.

Um meio muito eficaz para reduzir a poluição atmosférica é a transição para as energias renováveis. De acordo com um estudo publicado na revista Energy and Environmental Science em 2015, a transição para 100% de energia renovável nos Estados Unidos eliminaria cerca de 62.000 mortalidades prematuras por ano e cerca de 42.000 em 2050, se não fosse utilizada biomassa. Isto pouparia cerca de 600 mil milhões de dólares em custos de saúde por ano devido à redução da poluição atmosférica em 2050, ou cerca de 3,6% do produto interno bruto dos Estados Unidos em 2014. A melhoria da qualidade do ar é um benefício a curto prazo entre os muitos benefícios societais da mitigação das alterações climáticas.

3.17 Alternativas de causas de poluição atmosférica

Existem agora alternativas práticas para as principais causas da poluição atmosférica:

- Substituição estratégica das fontes de poluição atmosférica nos transportes com emissões mais baixas ou, durante o ciclo de vida, formas livres de emissões de transportes públicos e utilização e infra-estruturas de bicicletas (bem como com trabalho remoto, reduções de trabalho, relocalizações e localizações)
- A eliminação progressiva dos veículos movidos a combustíveis fósseis é um componente crítico da mudança para um transporte sustentável; no entanto, infra-estruturas e decisões de concepção semelhantes, como veículos eléctricos, podem estar associadas a poluição semelhante para a produção, bem como a exploração mineira e de recursos para um grande número de baterias necessárias, bem como a energia para a sua recarga
- As áreas a favor do vento (mais de 20 milhas) dos principais aeroportos têm mais do dobro das emissões totais de partículas no ar do que as outras áreas, mesmo quando se tem em conta as áreas com escalas frequentes de navios, e o tráfego intenso de auto-estradas e cidades como Los Angeles. O biocombustível da aviação misturado com combustível de avião a uma razão de 50/50 pode reduzir em 50-70% as emissões de partículas derivadas de aviões de cruzeiro, de acordo com um estudo conduzido pela NASA em 2017 (no entanto, isto deverá implicar também benefícios ao nível do solo para a poluição do ar urbano).

- A propulsão dos navios e o ralenti podem ser mudados para combustíveis muito mais limpos como o gás natural. (Idealmente uma fonte renovável mas ainda não prática)
- A combustão de combustíveis fósseis para aquecimento de espaços pode ser substituída pela utilização de bombas de calor de fonte terrestre e armazenamento sazonal de energia térmica.
- A electricidade gerada a partir da combustão de combustíveis fósseis pode ser substituída por energia nuclear e renovável. Aquecimento e fogões domésticos, que contribuem significativamente para a poluição atmosférica regional, podem ser substituídos por um combustível fóssil muito mais limpo, como o gás natural, ou, de preferência, por energias renováveis, nos países pobres.
- Os veículos a motor movidos por combustíveis fósseis, um factor-chave na poluição do ar urbano, podem ser substituídos por veículos eléctricos. Embora o fornecimento e o custo do lítio sejam uma limitação, existem alternativas. A condução de mais pessoas em trânsito público limpo, como os comboios eléctricos, também pode ajudar. No entanto, mesmo em veículos eléctricos sem emissões, os próprios pneus de borracha produzem quantidades significativas de poluição atmosférica, classificando-se como o 13º pior poluente em Los Angeles.
- A redução de viagens em veículos pode reduzir a poluição. Depois de Estocolmo ter reduzido o tráfego de veículos na cidade central com um imposto de congestionamento, a poluição por dióxido de azoto e PM10 diminuiu, tal como os ataques agudos de asma pediátrica.
- Os biodigestores podem ser utilizados em nações pobres onde o corte e a queima são prevalecentes, transformando um bem inútil numa fonte de rendimento. As plantas podem ser recolhidas e vendidas a uma autoridade central que as decomporé num grande biodigestor moderno, produzindo a energia muito necessária para a sua utilização.
- Tanto a humidade induzida como a ventilação podem amortecer grandemente a poluição do ar em espaços fechados, que se verificou ser relativamente elevada dentro das linhas de metro devido à travagem e ao atrito e relativamente menos ironicamente dentro dos autocarros de trânsito do que os automóveis de passageiros sentados mais baixos ou os

metropolitanos.

- As lonas e as redes são frequentemente utilizadas para reduzir a quantidade de poeira libertada dos locais de construção

- Os seguintes itens são normalmente utilizados como dispositivos de controlo da poluição na indústria e no transporte. Podem destruir contaminantes ou removê-los de um fluxo de escape antes de serem emitidos para a atmosfera.

- Precipitadores electrostáticos: Um precipitador electrostático (ESP), ou filtro de ar electrostático, é um dispositivo de recolha de partículas que remove partículas de um gás que flui (como o ar), utilizando a força de uma carga electrostática induzida. Os precipitadores electrostáticos são dispositivos de filtragem altamente eficientes que impedem minimamente o fluxo de gases através do dispositivo, e podem remover facilmente partículas finas, tais como pó e fumo do fluxo de ar.

- Sacarias: Concebido para lidar com cargas pesadas de pó, um colector de pó consiste num ventilador, filtro de pó, um sistema de limpeza de filtros, e um receptáculo ou sistema de remoção de pó (distinguido dos aspiradores de ar que utilizam filtros descartáveis para remover o pó).

- Depuradores de partículas: Um esfregador húmido é uma forma de tecnologia de controlo da poluição. O termo descreve uma variedade de dispositivos que utilizam poluentes provenientes de um gás de combustão de um forno ou de outros fluxos de gás. Num depurador húmido, o fluxo de gás poluído é posto em contacto com o líquido de depuração, pulverizando-o com o líquido, forçando-o através de uma piscina de líquido, ou por qualquer outro método de contacto, de modo a remover os poluentes.

- A monitorização espaçotemporal da qualidade do ar pode ser necessária para melhorar a qualidade do ar e, consequentemente, a saúde e segurança do público, e avaliar os impactos das intervenções. Tal monitorização é feita em diferentes graus com diferentes requisitos regulamentares com cobertura regional discrepante por uma variedade de organizações e entidades de governação, tais como a utilização de uma variedade de tecnologias para a utilização dos dados e a detecção de tais sensores IoT móveis, satélites, e estações de monitorização. Alguns websites tentam mapear os níveis de poluição atmosférica utilizando os dados disponíveis.

- Os modelos numéricos, quer à escala global utilizando ferramentas tais como GCMs (modelos de circulação geral acoplados a um módulo de poluição) ou CTMs (modelo de transporte químico) podem ser utilizados para simular os níveis de diferentes poluentes na atmosfera. Estas ferramentas podem ter vários tipos (modelo atmosférico) e diferentes utilizações. Estes modelos podem ser utilizados no modo de previsão, que pode ajudar os decisores políticos a decidir sobre as acções apropriadas quando um episódio de poluição atmosférica é detectado. Podem também ser usados para modelagem climática incluindo a evolução da qualidade do ar no futuro, por exemplo, o IPCC (Painel Intergovernamental sobre Alterações Climáticas) fornece simulações climáticas incluindo avaliações da qualidade do ar nos seus relatórios (último relatório acessível através do seu site).

CAPÍTULO 4: POLUIÇÃO DA ÁGUA

4.1 O que é a Poluição da Água?

A poluição da água pode ser definida como a contaminação das massas de água. A poluição da água é causada quando massas de água como rios, lagos, oceanos, águas subterrâneas e aquíferos são contaminadas com efluentes industriais e agrícolas. **poluição da água**, a libertação de substâncias em águas subterrâneas subterrâneas ou em lagos, riachos, rios, estuários e oceanos ao ponto de as substâncias interferirem com a utilização benéfica da água ou com o funcionamento natural dos ecossistemas. Para além da libertação de substâncias, tais como químicos, lixo, ou microrganismos, a poluição da água pode também incluir a libertação de energia, sob a forma de radioactividade ou calor, em corpos de água. Quando a água é poluída, afecta negativamente todas as formas de vida que dependem directa ou indirectamente desta fonte. Os efeitos da contaminação da água podem ser sentidos nos próximos anos.

4.2 Fontes da poluição da água

Há numerosas causas de poluição da água. As principais estão listadas abaixo: Tipos de fontes

1. Fontes de pontos

É directamente atribuível a uma influência. Aqui, o poluente viaja directamente da fonte para a água. - As fontes pontuais são fáceis de regular.

2. Fonte difusa ou não pontual.

É proveniente de várias fontes mal definidas e difusas. Variam espacialmente e temporalmente e são difíceis de regular. As principais fontes de poluição da água são as seguintes:

1. Águas residuais comunitárias: incluem descargas de casas, estabelecimentos comerciais e industriais ligados à rede pública de esgotos. As águas residuais contêm excrementos humanos e animais, resíduos alimentares, agentes de limpeza, detergentes e outros resíduos.

2. Resíduos industriais: As indústrias descarregam vários poluentes inorgânicos e orgânicos, que podem revelar-se altamente tóxicos para os seres vivos.

3. Fontes agrícolas:

\# Os fertilizantes contêm os principais nutrientes vegetais tais como azoto, fósforo e potássio. Os fertilizantes em excesso podem atingir as águas subterrâneas por lixiviação ou podem ser misturados com águas superficiais de rios, lagos e lagos por escoamento e drenagem.

\# Os pesticidas incluem insecticidas, fungicidas, herbicidas, nematicidas, rodenticidas e fumigantes do solo. Contêm uma vasta gama de produtos químicos tais como hidrocarbonetos clorados, organofosforados, sais metálicos, carbonatos, tiocarbonatos, derivados do ácido acético, etc. Muitos dos pesticidas são não degradáveis e os seus resíduos têm uma longa vida

Os excrementos de animais, tais como excrementos de excrementos de excrementos de excrementos de aves de capoeira, de leitões e de matadouros, etc., chegam à água embora escorram e lixiviem à superfície durante a estação das chuvas.

4. Poluição Térmica

o As principais fontes são as centrais térmicas e nucleares.

o As centrais eléctricas utilizam a água como refrigerante e libertam água quente para a fonte original.

o Aumento súbito da temperatura mata peixes e outros animais aquáticos.

5. Poluição das águas subterrâneas: o Na Índia, em muitos lugares, as águas subterrâneas estão ameaçadas de contaminação devido à infiltração de resíduos e efluentes industriais e municipais, canais de esgotos e escoamento agrícola.

6. Poluição marinha: Os oceanos são o derradeiro afundamento de todos os poluentes naturais e artificiais. Os rios descarregam os seus poluentes no mar. Os esgotos e o lixo das cidades costeiras são também despejados no mar.

o As outras fontes de poluição oceânica são descargas navegacionais de petróleo, gordura, detergentes, esgotos, lixo e resíduos radioactivos, extracção de petróleo ao largo da costa, derrames de petróleo.

7. Esgotos domésticos não tratados:

o Corante, loção, sabonete, óleo de cabelo, champô, pó, desodorizante, hidratante e muitos outros produtos deste tipo também contribuem para a poluição da água. Estes produtos vão para o esgoto sem qualquer tratamento.

o Os esgotos domésticos não tratados podem contaminar diferentes corpos de água no processo. o Quando os canos de esgoto se partem, há uma hipótese de que os resíduos contaminem a água potável. Por vezes, o esgoto mal tratado é libertado para os corpos de água. Os produtos de limpeza domésticos podem ser poluentes muito perigosos.

8. Lixo: Os plásticos são não-biodegradáveis. O plástico em massa obstrui as massas de água e contamina a água.

9. Urbanização: A urbanização é um factor chave para aumentar as quantidades de poluição da água.

10. Descarga de resíduos sólidos: Os seres humanos despejam frequentemente descuidadamente o seu lixo no mar ou perto de rios.

11. Derrames de petróleo: Os derrames acidentais de petróleo têm um efeito devastador nos mares.

12. Gases dissolvidos: Os gases poluentes no ar podem dissolver-se em sal e água doce e poluí-lo.

13. Combustíveis para barcos: Os combustíveis fósseis utilizados na indústria naval são uma das maiores causas da poluição do ar e da água

4.3 Poluição da Água - Uma Epidemia Moderna

Uma das principais causas da poluição da água é a contaminação das massas de água por produtos químicos tóxicos. Como se viu no exemplo acima mencionado, as garrafas de plástico, latas, latas de água e outros resíduos despejados poluem as massas de água. Estes resultam na poluição da água, que prejudica não só os seres humanos, mas todo o ecossistema. As toxinas drenadas por estes poluentes, viajam até à cadeia alimentar e acabam por afectar os seres humanos. Na maioria dos casos, o resultado é destrutivo apenas para a população e espécies locais, mas também pode ter um impacto à escala global.

Cerca de 6 mil milhões de quilos de lixo são despejados todos os anos nos oceanos. Para além de efluentes industriais e esgotos não tratados, outras formas de materiais indesejáveis são despejados em vários corpos de água. Estas podem variar desde resíduos nucleares a derrames de petróleo - estes últimos podem tornar vastas áreas inabitáveis.

Detalhe dos tipos e fontes de poluentes da água

Os corpos de água podem ser poluídos por uma grande variedade de substâncias, incluindo microorganismos patogénicos, resíduos orgânicos putrescíveis, fertilizantes e nutrientes vegetais, produtos químicos tóxicos, sedimentos, calor, petróleo (petróleo), e substâncias radioactivas.

Os poluentes da água provêm quer de fontes pontuais quer de fontes dispersas. Uma fonte pontual é um tubo ou canal, como os utilizados para descarga de uma instalação industrial ou de um sistema de esgotos urbanos. Uma fonte dispersa (ou não pontual) é uma área não confinada muito ampla a partir da qual uma variedade de poluentes entra na massa de água, tal como o escoamento de uma área agrícola. As fontes pontuais de poluição da água são mais fáceis de controlar do que as fontes dispersas, porque a água contaminada foi recolhida e transportada para um único ponto onde pode ser tratada. A poluição proveniente de fontes dispersas é difícil de controlar e, apesar de muitos progressos na construção de estações de tratamento de águas residuais modernas, as fontes dispersas continuam a causar uma grande fracção dos problemas de poluição da água.

4.4 Esgotos domésticos

Figura poluição de esgotos

Os esgotos domésticos são a fonte primária de agentes patogénicos (microrganismos causadores de doenças) e de substâncias orgânicas putrescíveis. Como os agentes patogénicos são excretados nas fezes, é provável que todos os esgotos das cidades e vilas contenham agentes patogénicos de algum tipo, potencialmente apresentando uma ameaça directa à saúde pública. A matéria orgânica putrescível apresenta um tipo diferente de ameaça à qualidade da água. Como os orgânicos são decompostos naturalmente nos esgotos por bactérias e outros microorganismos, o conteúdo de oxigénio dissolvido na água é esgotado. Isto põe em perigo a qualidade dos lagos e riachos, onde são necessários altos níveis de oxigénio para que os peixes e outros organismos aquáticos sobrevivam. Os processos de tratamento de esgotos reduzem os níveis de agentes patogénicos e orgânicos nas águas residuais, mas não os eliminam completamente.

Figura tóxica *Euglena* florescer

Os esgotos domésticos são também uma fonte importante de nutrientes vegetais, principalmente nitratos e fosfatos. O excesso de nitratos e fosfatos na água promove o crescimento de algas, causando por vezes um crescimento invulgarmente denso e rápido, conhecido como florescimento de algas. Quando as algas morrem, o oxigénio dissolvido na água diminui porque os microorganismos utilizam o oxigénio para digerir as algas durante o processo de decomposição *(ver também a* procura bioquímica de oxigénio). Os organismos anaeróbios (organismos que não necessitam de oxigénio para viver) metabolizam então os resíduos orgânicos, libertando gases como o metano e o sulfureto de hidrogénio, que são prejudiciais para as formas de vida aeróbias (que necessitam de oxigénio). O processo pelo qual um lago passa de uma condição limpa e clara - com uma concentração relativamente baixa de nutrientes dissolvidos e uma comunidade aquática equilibrada - para um estado rico em nutrientes, cheio de algas e, a partir daí, para uma condição pobre em oxigénio e cheia de resíduos chama-se eutrofização. A eutrofização é um processo que ocorre naturalmente, lento e inevitável. No entanto, quando é acelerada pela actividade humana e pela poluição da água (um fenómeno chamado eutrofização cultural), pode levar ao envelhecimento prematuro e à morte de um corpo de água.

4.5 Resíduos sólidos

A eliminação inadequada de resíduos sólidos é uma das principais fontes de poluição da água. Os resíduos sólidos incluem lixo, lixo, lixo electrónico, lixo e resíduos de construção e demolição, todos eles gerados por actividades individuais, residenciais, comerciais, institucionais e industriais. O problema é especialmente grave nos países em desenvolvimento que podem carecer de infra-estruturas para eliminar adequadamente os resíduos sólidos ou que podem ter recursos ou regulamentação inadequados para limitar a eliminação inadequada. Em alguns lugares, os resíduos sólidos são despejados intencionalmente em corpos de água. A poluição do solo pode também tornar-se poluição da água se o lixo ou outros detritos forem transportados por animais, vento, ou chuva para massas de água. Quantidades significativas de poluição por resíduos sólidos em massas de água interiores podem também acabar por se dirigir para o oceano. A poluição por resíduos sólidos é desagradável e prejudicial para a saúde dos ecossistemas aquáticos e pode prejudicar directamente a vida selvagem. Muitos resíduos sólidos, tais como plásticos e resíduos electrónicos, decompõem-se e lixiviam produtos químicos nocivos para a água, tornando-os numa fonte de resíduos tóxicos ou perigosos.

4.6 Lixo tóxico

Os resíduos são considerados tóxicos se forem venenosos, radioactivos, explosivos, cancerígenos (causando cancro), mutagénicos (causando danos nos cromossomas), teratogénicos (causando defeitos de nascença), ou bioacumulativos (ou seja, aumentando a concentração nos extremos superiores das cadeias alimentares). As fontes de produtos químicos tóxicos incluem águas residuais de instalações industriais e instalações de processos químicos (chumbo, mercúrio, crómio) indevidamente eliminadas, bem como escoamento superficial contendo pesticidas utilizados em áreas agrícolas e relvados suburbanos (clordano, dieldrina, heptacloro). (Para um tratamento mais detalhado de produtos químicos tóxicos, *ver* veneno e resíduos tóxicos).

4.7 Sedimento

Os sedimentos (por exemplo, lodo) resultantes da erosão do solo ou da actividade de construção podem ser transportados para massas de água por escoamento superficial. Os sedimentos em suspensão interferem com a penetração da luz solar e perturbam o equilíbrio ecológico de um corpo de água. Além disso, pode perturbar os ciclos reprodutivos dos peixes e outras formas de vida, e quando se instala fora da suspensão pode cheirar os organismos que vivem no fundo.

4.8 Poluição térmica

O calor é considerado como um poluente da água porque diminui a capacidade da água de manter o oxigénio dissolvido em solução, e aumenta a taxa de metabolismo dos peixes. Espécies valiosas de peixes de caça (por exemplo, truta) não conseguem sobreviver em água com níveis muito baixos de oxigénio dissolvido. Uma importante fonte de calor é a prática de descarregar água de arrefecimento das centrais eléctricas nos rios; a água descarregada pode ser até 15 °C (27 °F) mais quente do que a água natural. O aumento da temperatura da água devido ao aquecimento global também pode ser considerado uma forma de poluição térmica.

4.9 Poluição por petróleo (petróleo)

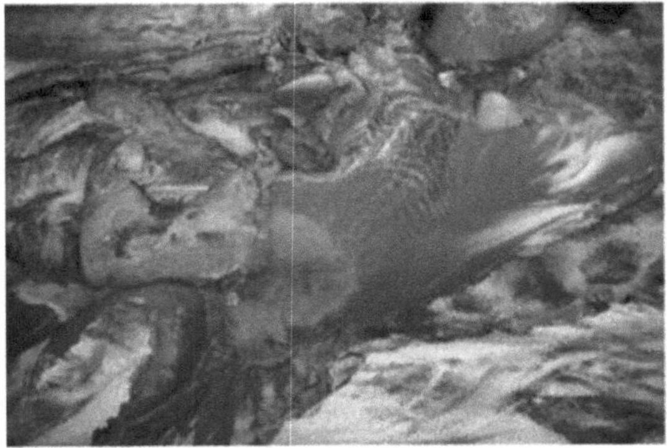

Figura poluição por petróleo

A poluição por petróleo (petróleo) ocorre quando o petróleo das estradas e parques de estacionamento é transportado em escoamentos superficiais para massas de água. Os derrames acidentais de petróleo são também uma fonte de poluição petrolífera - como nos devastadores derrames do petroleiro *Exxon Valdez* (que libertou mais de 260.000 barris no Príncipe William Sound do Alasca em 1989) e da plataforma petrolífera Deepwater Horizon (que libertou mais de 4 milhões de barris de petróleo no Golfo do México em 2010). As manchas de petróleo acabam por se deslocar para a costa, prejudicando a vida aquática e danificando as áreas de recreio.

4.10 Efeitos da Poluição da Água

O efeito da poluição da água depende do tipo de poluentes e da sua concentração. Além disso, a localização das massas de água é um factor importante para determinar os níveis de poluição.

- As massas de água nas imediações das áreas urbanas estão extremamente poluídas. Isto é o resultado do despejo de lixo e produtos químicos tóxicos por estabelecimentos industriais e comerciais.

- A poluição da água afecta drasticamente a vida aquática. Afecta o seu metabolismo, e comportamento, e causa doenças e eventual morte. A dioxina é um químico que causa muitos problemas, desde a reprodução

71

ao crescimento incontrolado das células ou cancro. Este químico é bioacumulável em peixe, galinha e carne. Produtos químicos como este sobem a cadeia alimentar antes de entrarem no corpo humano.

- O efeito da poluição da água pode ter um enorme impacto na cadeia alimentar. Perturbam a cadeia alimentar. O cádmio e o chumbo são algumas substâncias tóxicas, estes poluentes ao entrarem na cadeia alimentar através de animais (peixes quando consumidos por animais, humanos) podem continuar a perturbar a níveis mais elevados.

- Os seres humanos são afectados pela poluição e podem contrair doenças como a hepatite através de matéria fecal em fontes de água. Um tratamento deficiente da água potável e água imprópria pode sempre causar um surto de doenças infecciosas tais como a cólera, etc.

- O ecossistema pode ser criticamente afectado, modificado e desestruturado devido à poluição da água.

4.10.1 Efeitos da poluição da água nas águas subterrâneas e nos oceanos

As águas subterrâneas - águas contidas em formações geológicas subterrâneas chamadas aquíferos - são uma fonte de água potável para muitas pessoas. Por exemplo, cerca de metade das pessoas nos Estados Unidos dependem das águas subterrâneas para o seu abastecimento doméstico de água. Embora a água subterrânea possa parecer cristalina (devido à filtração natural que ocorre à medida que flui lentamente através de camadas de solo), pode ainda ser poluída por produtos químicos dissolvidos e por bactérias e vírus. As fontes de contaminantes químicos incluem sistemas de eliminação de esgotos subterrâneos mal concebidos ou mal mantidos (por exemplo, fossas sépticas), resíduos industriais depositados em aterros ou lagoas mal alinhados ou não alinhados, lixiviados de aterros municipais de resíduos não alinhados, minas e produção de petróleo, e tanques de armazenamento subterrâneos com fugas abaixo das estações de serviço de gasolina. Nas zonas costeiras, a retirada crescente de águas subterrâneas (devido à urbanização e industrialização) pode causar intrusão de água salgada: à medida que o lençol freático cai, a água do mar é arrastada para poços

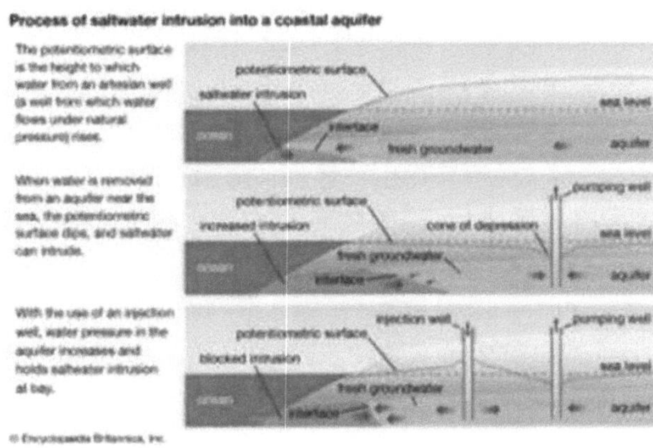

Figura aquífero

Figura Descubra como os detritos plásticos estão a afectar a vida marinha no Oceano Pacífico

Embora os estuários e oceanos contenham grandes volumes de água, a sua capacidade natural de absorver poluentes é limitada. A contaminação por condutas de esgotos, pelo despejo de lamas ou outros resíduos, e por derrames de petróleo pode prejudicar a vida marinha, especialmente o fitoplâncton microscópico que serve de alimento para organismos aquáticos maiores. Por vezes, materiais residuais desagradáveis e perigosos podem ser lavados de volta para a costa, deitando lixo nas praias com detritos perigosos. Até 2010, estima-se que 4,8 milhões e 12,7 milhões de toneladas (entre 5,3 milhões e 14 milhões de toneladas) de detritos plásticos tenham sido despejados anualmente nos oceanos, e que os resíduos plásticos flutuantes se tenham acumulado nos cinco giros

73

subtropicais da Terra que cobrem 40 por cento do oceano mundial.

Outro problema de poluição oceânica é a formação sazonal de "zonas mortas" (ou seja, zonas hipóxicas, onde os níveis de oxigénio dissolvido caem tão baixo que a maioria das formas mais elevadas de vida aquática desaparece) em certas zonas costeiras. A causa é o enriquecimento em nutrientes resultante de escorrências agrícolas dispersas e a concomitante proliferação de algas. As zonas mortas ocorrem em todo o mundo; uma das maiores (por vezes com uma superfície de 22.730 km quadrados) forma-se anualmente no Golfo do México, começando no delta do rio Mississippi.

4.11   Normas de qualidade da água

Embora a água pura seja raramente encontrada na natureza (devido à forte tendência da água para dissolver outras substâncias), a caracterização da qualidade da água (isto é, limpa ou poluída) é uma função da utilização prevista da água. Por exemplo, a água que é suficientemente limpa para nadar e pescar pode não ser suficientemente limpa para beber e cozinhar. As normas de qualidade da água (limites da quantidade de impurezas permitida na água destinada a uma determinada utilização) proporcionam um quadro legal para a prevenção da poluição da água de todos os tipos.

Existem vários tipos de normas de qualidade da água. Os padrões de qualidade da água são aqueles que classificam os cursos de água, rios e lagos com base na sua utilização benéfica máxima; estabelecem níveis permitidos de substâncias ou qualidades específicas (por exemplo, oxigénio dissolvido, turbidez, pH) permitidos nesses corpos de água, com base na sua dada classificação. As normas relativas aos efluentes (escoamento da água) estabelecem limites específicos para os níveis de contaminantes (por exemplo, procura bioquímica de oxigénio, sólidos em suspensão, azoto) permitidos nas descargas finais das estações de tratamento de águas residuais. As normas relativas à água potável incluem limites sobre os níveis de contaminantes específicos permitidos na água potável entregue em habitações para uso doméstico. Nos Estados Unidos, o Clean Water Act e as suas emendas regulamentam a qualidade da água e estabelecem normas mínimas para as descargas de resíduos para cada indústria, bem como regulamentos para problemas específicos, tais como produtos químicos tóxicos e derrames de petróleo. Na União Europeia, a qualidade da água é regida pela Directiva-Quadro da Água, a Directiva da Água Potável, e outras leis. *(Ver também* tratamento de águas residuais).

4.12 Perigos de poluição das águas subterrâneas

- A presença de excesso de nitrato na água potável é perigosa para a saúde humana e pode ser fatal para os bebés.

o O excesso de nitrato na água potável reage com a hemoglobina para formar metaemoglobina não funcional, e prejudica o transporte de oxigénio. Esta condição é chamada metaemoglobinemia ou síndrome do bebé azul.

- O excesso de flúor na água potável causa perturbações neuro-musculares, problemas gastro-intestinais, deformidade dos dentes, endurecimento dos ossos e articulações rígidas e dolorosas (fluorose esquelética).

o A elevada concentração de iões flúor está presente na água potável em 13 estados da Índia. O nível máximo de flúor, que o corpo humano pode tolerar é de 1,5 partes por milhão (mg/1 de água). A ingestão a longo prazo de iões de flúor causa fluorose.

- A exploração excessiva das águas subterrâneas pode levar à lixiviação de arsénico do solo e de fontes rochosas e contaminar as águas subterrâneas. A exposição crónica ao arsénico causa falta de doença dos pés. Também causa. Diarreia, neurite periférica, hiperqueratose e também cancro do pulmão e da pele.

o A contaminação por arsénico é um problema grave (em áreas cavadas em poços tubulares) m o Delta do Ganges, Bengala Ocidental, causando um grave envenenamento por arsénico a um grande número de pessoas. Um estudo de 2007 revelou que mais de 137 milhões de pessoas em mais de 70 países são provavelmente afectadas pelo envenenamento por arsénico da água potável.

Medidas de Controlo da Ampliação Biológica e Eutrofização

1) Tampões ciliar

2) Reciclar

3) O tratamento da água de esgotos e dos efluentes industriais deve ser feito antes de libertar os seus corpos de água.

4) A água quente deve ser arrefecida antes de ser libertada das centrais eléctricas

5) A limpeza doméstica em tanques, riachos e rios, que fornecem água potável, deve ser proibida.

6) O uso excessivo de fertilizantes e pesticidas deve ser evitado.

7) Agricultura biológica e utilização eficiente de resíduos animais como fertilizantes.

8) O jacinto de água (uma erva daninha aquática) pode purificar a água ao retirar alguns materiais tóxicos e alguns metais pesados da água.

9) Os derrames de óleo na água podem ser limpos com a ajuda de bregoli, um subproduto da indústria do papel parecido com pó de serra, zapper de óleo, organismos. Poluição das águas subterrâneas Qualquer adição de substâncias indesejáveis às águas subterrâneas causada por actividades humanas é considerada como contaminação. Tem-se assumido frequentemente que os contaminantes deixados no solo ou sob o solo permanecerão lá. Este tem demonstrado ser um desejo. As águas subterrâneas espalham frequentemente os efeitos de lixeiras e derrames muito para além do local da contaminação original. A contaminação das águas subterrâneas é extremamente difícil, e por vezes impossível, de limpar. Os contaminantes das águas subterrâneas provêm de duas categorias de fontes: fontes pontuais e fontes distribuídas, ou não pontuais. Aterros sanitários, tanques de armazenamento de gasolina com fugas, fossas sépticas com fugas e derrames acidentais são exemplos de fontes pontuais. A infiltração de terras agrícolas tratadas com pesticidas e fertilizantes é um exemplo de uma fonte não pontual.

4.13 Perigos de águas subterrâneas contaminadas:

Sobre saúde: -

Beber água subterrânea contaminada pode ter graves efeitos na saúde. Doenças como a hepatite e a disenteria podem ser causadas pela contaminação por resíduos de fossas sépticas. O envenenamento pode ser causado por toxinas que se infiltraram nas reservas de água dos poços. A fauna selvagem também pode ser prejudicada por águas subterrâneas contaminadas. Outros efeitos a longo prazo, tais como certos tipos de cancro, podem também resultar da exposição a água poluída.

Em economia:-

Quando as águas subterrâneas ficam contaminadas, a economia também pode facilmente sofrer: Depreciar o valor da terra - Quando as águas subterrâneas ficam mais contaminadas numa determinada área, essa área torna-se menos capaz de sustentar a vida humana, animal e vegetal. Se a área é conhecida pela sua beleza natural e que a natureza começa a sofrer os efeitos da poluição, as hipóteses de as pessoas quererem lá viver diminuem ainda mais. Embora possa não ser um resultado imediato da poluição das águas subterrâneas, a depreciação do valor da terra é definitivamente um efeito secundário potencial.

Indústria menos estável - Muitas indústrias dependem das águas subterrâneas para ajudar a produzir os seus produtos e manter as suas fábricas a funcionar sem problemas. Uma vez que o pH e a qualidade das águas subterrâneas de uma determinada área raramente muda, torna-se uma parte vital de muitas indústrias que dependem da água que não têm de testar constantemente.

Sobre o Ambiente: -

Por último mas certamente não menos importante, o ambiente pode ser seriamente alterado quando as águas subterrâneas estão poluídas. Aqui estão apenas algumas das formas em que isto ocorre.

Poluição dos nutrientes - A poluição das águas subterrâneas pode causar certos tipos de nutrientes que são necessários em pequenas quantidades para se tornarem demasiado abundantes para sustentar a vida normal num determinado ecossistema. Os peixes podem começar a morrer rapidamente porque já não são capazes de processar a água ncs seus abastecimentos, e outros animais podem adoecer devido ao excesso de certos tipos de nutrientes na água que bebem. Água tóxica nos ecossistemas - Quando as águas subterrâneas que abastecem lagos, rios, riachos, lagoas e pântanos ficam contaminadas, isto leva lentamente a uma contaminação cada vez maior das águas superficiais também.

Poluição marinha

A poluição marinha refere-se à contaminação ou à presença de poluentes nos oceanos e mares. A palavra "marinho" vem da palavra latina para "mar" e está relacionada com palavras semelhantes, tais como "marinheiro". A poluição oceânica é cada vez mais um problema nos dias de hoje.

A poluição marinha pode ser definida como qualquer coisa que contamine o mar. Os poluentes marinhos comuns incluem produtos químicos, pequenas contas de plástico em esfoliantes e também bio-matéria tóxica (tais como esgotos). Mas, o ruído - devido ao tráfego excessivo em torno do oceano - também pode ser definido como poluição se perturbar a vida marinha.

A poluição pode variar dependendo do contexto e da finalidade para a qual a água do mar está a ser utilizada. Por exemplo, a água do mar normal tem algumas pequenas partículas de plantas ou areia, e quando o mar é considerado como o habitat dos animais marinhos, não se pensaria nestas partículas como poluentes, ao passo que se definiria definitivamente produtos químicos tóxicos como poluentes. Contudo, se alguém quisesse utilizar esta salmoura para cozinhar, poderia ver a areia e as plantas como poluindo a nossa água de cozinha.

Causas/Fontes da Poluição Marinha

1. Produtos químicos tóxicos na água.

O escorrimento químico da indústria pode realmente pôr em perigo a vida marinha. Os resíduos industriais bombeados para o mar, os produtos de limpeza domésticos despejados na pia, e mesmo os produtos químicos na atmosfera (por exemplo, devido à descarga de resíduos industriais através das chaminés das fábricas) que se dissolvem no mar podem poluir significativamente os nossos oceanos.

2. Derrames de petróleo.

Esta é geralmente uma forma acicental de dumping industrial, em que fugas em petroleiros provocam grandes quantidades de petróleo no oceano. Os derrames acidentais de petróleo podem devastar a vida marinha.

3. Pequenas partículas.

As minúsculas contas de plástico em cremes esfoliantes e outras pequenas partículas que deitamos pelo cano abaixo sem pensar, acabam por poluir o oceano.

4. Plástico, lixo e resíduos humanos

Sacos de plástico, latas de alumínio, lixo e outros resíduos humanos constituem um dos principais poluentes dos oceanos do mundo. Uma enorme "ilha" de lixo aproximadamente do tamanho dc Texas foi recentemente encontrada no oceano Pacífico, por exemplo, demonstrando a vasta escala deste problema.

5. Esgotos.

Quer seja ou não tratado com produtos químicos tóxicos, o esgoto polui a água límpida e limpa dos oceanos. Este é outro tipo de despejo industrial. Por vezes, o esgoto não é bombeado directamente para o mar, mas para os rios, e depois a água não tratada dos rios transporta-o para o mar.

6. A indústria naval.

Os gases (que se dissolvem no mar), químicos e esgotos dos navios porta-contentores são os principais poluentes.

7. Gases com efeito de estufa dissolvidos.

Os gases com efeito de estufa provenientes do consumo de combustíveis fósseis humanos estão a tornar o mar mais ácido.

Efeitos da Poluição Marinha

1. Esgotamento do oxigénio.

A água do mar está cheia de oxigénio dissolvido, contudo a decomposição dos esgotos e outras biomatéria nos oceanos pode resultar numa condição conhecida como 'hipoxia' ou esgotamento do oxigénio. Isto torna difícil para a vida marinha amante do oxigénio - plantas, peixes e animais - sobreviver nos oceanos.

2. Maior acidez.

Os produtos químicos tóxicos tornam os nossos oceanos mais ácidos. Mais uma vez, isto torna-os venenosos para a vida marinha e causa danos aos peixes e mamíferos marinhos, bem como às plantas e corais marinhos.

3. Asfixia da vida marinha.

Pequenos pedaços de plástico e outras ninhadas estão cada vez mais a ser encontrados no estômago de peixes, tartarugas e outros animais marinhos. Estes pedaços de lixo asfixiam os animais marinhos e dificultam a sua digestão, com um resultado frequentemente fatal.

4. Mimar as penas das aves.

Os derrames de óleo revestem as penas das aves marinhas e despojam-nas dos óleos naturais que as aves utilizam para manter as suas penas impermeáveis e para manter a temperatura do seu próprio corpo. Como resultado, as aves marinhas podem sobreaquecer ou ficar demasiado frias, e têm dificuldade em manter-se a flutuar à medida que as suas penas ficam empapadas. Também terão dificuldade em voar quando as suas penas estiverem entupidas de óleo.

5. Bloqueio da luz solar.

Poluentes tais como óleo ou lixo podem bloquear a luz solar de plantas marinhas que necessitam de luz solar para a fotossíntese.

6. Perigos para a saúde humana.

Os nadadores humanos e amantes de desportos aquáticos podem ficar em perigo ao nadar num mar poluído.

Medidas de Controlo/ Soluções para a Poluição Marinha

1. Tenha cuidado com os nossos produtos químicos.

As alterações climáticas e a poluição marinha são ambos resultados de um excesso de interferência humana no mundo natural. Se escolhermos produtos de limpeza domésticos amigos do ambiente e tomarmos medidas para reduzir os fumos que libertamos no ar (por exemplo, escolhendo os transportes públicos em vez dos automóveis), podemos reduzir o impacto das nossas vidas nos oceanos. Além disso, a monitorização cuidadosa do local para prevenir ou parar qualquer derrame de produtos químicos ou petróleo em qualquer altura reduzirá os casos de derrames de petróleo.

2. Não descarregar ou enxaguar as partículas nocivas.

Se não deitarmos plásticos pela sanita abaixo, e se não deitarmos óleos e esfoliantes na torneira, impedimos que estas partículas cheguem aos nossos oceanos. Mudar para esfoliantes que utilizam materiais naturais como sementes, açúcar ou areia - e reciclar todos os plásticos!

3. Campanha.

Influenciar as decisões dos decisores políticos e chefes de fábrica para os tornar mais amigos do ambiente, fazendo lobby, escrevendo cartas, espalhando a palavra nos meios de comunicação social e fazendo campanhas. Motivar as companhias de navegação a utilizar embarcações seguras e amigas do ambiente estão entre as medidas chave que podem ser tomadas aqui.

4. Voluntário num local de derramamento de petróleo.

Os voluntários são sempre necessários nos locais de derramamento de petróleo para salvar as vidas das aves marinhas, lavando o óleo das suas penas e cuidando delas até estarem prontos para voar, nadar e mergulhar novamente debaixo de água. É sempre necessário intervir o mais rapidamente possível para assegurar que estas aves não sofram quaisquer efeitos nocivos para a sua saúde.

5. Seja voluntário numa limpeza de praia - ou organize você mesmo uma.

Livre-se da sua praia de lixo local reunindo-se com o resto da comunidade para recolher o lixo deixado por piqueniques descuidados, tripulações de barcos e muito mais. Juntarmo-nos como uma comunidade para cuidar do mundo natural é uma forma maravilhosa de lembrar a todos o quão intimamente estamos ligados à natureza, e o quanto dependemos dela. Trabalhar em conjunto com outras pessoas também ajuda a manter-nos motivados e recorda-nos que não estamos sozinhos na nossa busca para cuidar da

6. Assegurar que nenhum detrito é libertado no oceano.

Reciclar os nossos plásticos e outros recicláveis, e eliminar os nossos resíduos de forma responsável é aqui fundamental.

Tratamento de águas residuais antes da sua descarga em massas de água:

Agência de Protecção Ambiental

Agência de Protecção Ambiental (EPA), agência do governo dos EUA que estabelece e aplica as normas nacionais de controlo da poluição. Em 1970, em resposta ao turbilhão de leis de protecção ambiental confusas, frequentemente ineficazes, promulgadas pelos estados e comunidades, o Pres. Richard Nixon criou a EPA para fixar as directrizes nacionais e para as monitorizar e fazer cumprir. As funções de três departamentos federais - Interior, Agricultura, Saúde, Educação e Welfare- e de outros organismos federais foram transferidas para a nova agência. A EPA foi inicialmente encarregada da administração da Lei do Ar Limpo (1970), promulgada para reduzir a poluição atmosférica proveniente principalmente de indústrias e veículos automóveis; a Lei Federal de Controlo de Pesticidas Ambientais (1972); e a Lei da Água Limpa (1972), que regula as descargas de águas residuais municipais e industriais e oferece subsídios para a construção de instalações de tratamento de esgotos. Em meados dos anos 90, a EPA estava a aplicar 12 importantes estatutos, incluindo leis concebidas para controlar os resíduos de moinhos de urânio; despejo oceânico; água potável segura; insecticidas, fungicidas, e rodenticidas; e perigos do amianto nas escolas.

Um dos primeiros êxitos da EPA foi um acordo com os fabricantes de automóveis para instalar conversores catalíticos nos automóveis, reduzindo assim em 85 por cento as emissões de hidrocarbonetos não queimados. A aplicação da EPA foi em grande parte responsável por um declínio de um terço a metade na maioria das emissões de poluição atmosférica nos Estados Unidos entre 1970 e 1990, e durante a década de 1980 o índice de normas de poluição melhorou para metade nas principais cidades; também ocorreram melhorias significativas na qualidade da água e na eliminação de resíduos. A Comprehensive Environmental Response, Compensation, and Liability Act (também chamada Superfund), fornecendo milhares de milhões de dólares para a limpeza de lixeiras abandonadas, foi estabelecida pela primeira vez em 1980, mas o número desses lixeiras e as dificuldades da limpeza continuaram a ser formidáveis durante anos a seguir.

Ao longo dos anos 80 e 90, a EPA continuou a reforçar as leis que regem a qualidade do ar e da água e as substâncias tóxicas. No entanto, introduziu também novas regras. As realizações da EPA durante este período incluíram a exigência de que todas as escolas primárias e secundárias fossem testadas para o amianto a partir de 1982, a reautorização da Lei da Água Limpa em 1987, a reautorização da Lei do Ar Limpo em 1990 com emendas que exigiam reduções na geração de dióxido de enxofre e a eliminação gradual dos químicos que empobrecem a camada de ozono, e uma regra que exigia a remoção de todo o chumbo remanescente na gasolina a partir de 1996. Outros regulamentos introduzidos durante este período incluíram a Lei da Política de Resíduos Nucleares (1982) e o programa Energy Star (1992); este último foi implementado para avaliar os custos de utilização e a eficiência energética dos aparelhos domésticos e outros dispositivos electrónicos. Este período também assistiu ao desenvolvimento da Lei de Planeamento de Emergência e do Direito Comunitário de Saber (EPCRA), que permitiu às comunidades locais conhecer a natureza dos produtos químicos tóxicos produzidos pelas indústrias nas suas áreas e ajudou as comunidades no desenvolvimento de planos de emergência para lidar com a libertação e exposição a substâncias perigosas.

No início do século XXI, o papel da APE expandiu-se para fazer face às alterações climáticas e ao aquecimento global. Em 2007, o Supremo Tribunal dos EUA decidiu, num processo intentado pelo estado de Massachusetts contra a EPA, que a não regulamentação das emissões de gases com efeito de estufa dos veículos a motor era contrária aos requisitos da Lei do Ar Limpo. Como resultado, foi atribuída à EPA a responsabilidade de desenvolver estratégias para gerir as emissões de dióxido de carbono e cinco outros gases com efeito de estufa. Decorrente deste mandato, a EPA trabalhou com o Departamento de Transportes dos EUA para desenvolver normas que aumentassem substancialmente a eficiência do combustível dos veículos, e em 2011 iniciou um programa de licenciamento que colocou os primeiros limites às emissões de gases com efeito de estufa de centrais eléctricas, refinarias, e outras grandes fontes fixas. Em 2022, contudo, o Supremo Tribunal dos EUA restringiu a autoridade da EPA num desafio trazido pelo estado da Virgínia Ocidental, decidindo que a EPA não poderia, sem autorização adicional do Congresso dos EUA, regular as centrais eléctricas impondo limites às emissões de carbono e outros gases com efeito de estufa que forçariam as indústrias a mudar para tecnologias geradoras de energia mais limpas.

Incidente Minamata

Em 1932, uma fábrica na cidade de Minamata, Japão, começou a despejar os seus efluentes industriais - Metilmercúrio, na baía e no mar circundantes. O metilmercúrio é incrivelmente tóxico tanto para os seres humanos como para os animais, causando uma vasta gama de perturbações neurológicas.

Os seus efeitos nocivos não eram imediatamente perceptíveis. Contudo, tudo isto mudou à medida que o metilmercúrio começou a bioacumular dentro de moluscos e peixes na baía de Minamata. Estes organismos afectados foram então capturados e consumidos pela população local. Em breve, os efeitos nocivos do metilmercúrio estavam a tornar-se aparentes. Inicialmente, animais como gatos e cães foram afectados por esta situação. Os gatos da cidade faziam frequentemente convulsões e ruídos estranhos antes de morrerem - daí o termo "doença do gato dançante" ter sido cunhado. Logo, os mesmos sintomas foram observados nas pessoas, embora a causa não fosse aparente na altura. Outras pessoas afectadas mostraram sintomas de envenenamento agudo por mercúrio, tais como ataxia, fraqueza muscular, perda de coordenação motora, danos na fala e na audição, etc. Em casos graves, ocorreu paralisia, que foi seguida de coma e morte. Estas doenças e mortes continuaram durante quase 36 anos antes de poderem ser oficialmente reconhecidas pelo governo e pela organização. Desde então, várias medidas de controlo da poluição da água foram adoptadas pelo governo do Japão para refrear tais desastres ambientais no futuro.

Poluição do Ganges

Alguns rios, lagos e águas subterrâneas são tornados impróprios para o uso. Na Índia, o rio Ganges é o sexto rio mais poluído do mundo. Isto não é surpreendente uma vez que centenas de indústrias próximas libertam os seus efluentes no rio. Além disso, actividades religiosas tais como enterros e cremações perto da costa contribuem para a poluição. Para além das implicações ecológicas, este rio representa um sério risco para a saúde, uma vez que pode causar doenças como a febre tifóide e a cólera.

A poluição do Ganges está também a levar alguma da fauna distinta à extinção. O tubarão do rio Ganges é uma espécie criticamente em perigo de extinção que pertence à ordem dos Carcharhiniformes. O golfinho do rio Ganges é outra espécie de golfinho ameaçada de extinção que se encontra nos afluentes dos rios Ganges e Brahmaputra.

De acordo com um inquérito, no final de 2026, cerca de 4 mil milhões de pessoas irão enfrentar uma escassez de água. Actualmente, cerca de 1,2 mil milhões de pessoas em todo o mundo não têm acesso a água limpa, potável e saneamento adequado. Também se prevê que cerca de 1000 crianças morram todos os anos na Índia devido a questões relacionadas com a água. As águas subterrâneas são uma importante fonte de água, mas infelizmente, mesmo esta é susceptível à poluição. Por conseguinte, a poluição da água é uma questão social bastante importante que precisa de ser tratada prontamente.

poluição plástica

poluição plástica, acumulação no ambiente de produtos plásticos sintéticos ao ponto de criarem problemas para a vida selvagem e os seus habitats, bem como para as populações humanas. Em 1907 a invenção da baquelite trouxe uma revolução nos materiais ao introduzir resinas plásticas verdadeiramente sintéticas no comércio mundial. No final do século XX, os plásticos tinham sido considerados como persistentes poluidores de muitos nichos ambientais, desde o Monte Evereste até ao fundo do mar. Quer sendo confundido com alimentos por animais, inundando áreas baixas ao entupir os sistemas de drenagem, ou simplesmente causando uma significativa mancha estética, o plástico tem atraído cada vez mais atenção como um poluente em grande escala.

O plástico é um material polimérico - isto é, um material cujas moléculas são muito grandes, assemelhando-se muitas vezes a longas cadeias constituídas por uma série aparentemente interminável de elos interligados. Polímeros naturais como a borracha e a seda existem em abundância, mas os "plásticos" da natureza não foram implicados na poluição ambiental, porque não persistem no ambiente. Actualmente, porém, o consumidor médio entra em contacto diário com todos os tipos de materiais plásticos que foram desenvolvidos especificamente para derrotar processos naturais de decomposição - materiais derivados principalmente do petróleo que podem ser moldados, moldados, fiados, ou aplicados como revestimento. Uma vez que os plásticos sintéticos são largamente não biodegradáveis, tendem a persistir em ambientes naturais. Além disso, muitos produtos plásticos leves de utilização única e materiais de embalagem, que representam aproximadamente 50% de todos os plásticos produzidos, não são depositados em recipientes para posterior remoção para aterros, centros de reciclagem, ou incineradores. Em vez disso, são descartados de forma inadequada no local ou perto do local onde terminam a sua utilidade para o consumidor. Deixados no chão, atirados pela janela de um carro, amontoados num caixote do lixo já cheio, ou inadvertidamente levados por uma rajada de vento, começam imediatamente a poluir o ambiente. De facto, as paisagens repletas de embalagens de plástico tornaram-se comuns em muitas partes do mundo. (O despejo ilegal de plástico e o transbordamento de estruturas de contenção também desempenham um papel importante). Estudos de todo o mundo não demonstraram que nenhum país ou grupo demográfico em particular seja o mais responsável, embora os centros populacionais gerem a maior quantidade de lixo. As causas e efeitos da poluição pelo plástico são verdadeiramente mundiais.

De acordo com a associação comercial PlasticsEurope, a produção mundial de plástico cresceu de cerca de 1,5 milhões de toneladas métricas (cerca de 1,7 milhões de toneladas curtas) por ano em 1950 para uma estimativa de 275 milhões de toneladas métricas (cerca de 303 milhões de toneladas curtas) até 2010 e 359 milhões de toneladas métricas (quase 396 milhões de toneladas curtas) até 2018; entre 4,8 milhões e 12,7 milhões de toneladas métricas (5,3 milhões e 14 milhões de toneladas curtas) são anualmente descartadas nos oceanos por países com costas oceânicas.

Em comparação com materiais em uso comum na primeira metade do século XX, tais como vidro, papel, ferro e alumínio, os plásticos têm uma baixa taxa de recuperação. Ou seja, são relativamente ineficientes de reutilizar como sucata reciclada no processo de fabrico, devido a dificuldades de processamento significativas, tais como um baixo ponto de fusão, o que impede que os contaminantes sejam expulsos durante o aquecimento e reprocessamento. A maioria dos plásticos reciclados é subsidiada abaixo do custo das matérias-primas por vários esquemas de depósito, ou a sua reciclagem é simplesmente mandatada por regulamentos governamentais. As taxas de reciclagem variam drasticamente de país para país, e apenas os países do norte da Europa obtêm taxas superiores a

50 por cento. Em qualquer caso, a reciclagem não aborda realmente a poluição do plástico, uma vez que o plástico reciclado é "devidamente" eliminado, enquanto que a poluição do plástico provém de eliminação inadequada.

Poluição plástica nos oceanos e em terra

Uma vez que o oceano está a jusante de quase todos os locais terrestres, é o corpo receptor de grande parte dos resíduos plásticos gerados em terra. Vários milhões de toneladas de lixo vão parar aos oceanos do mundo todos os anos, e grande parte dele é descartado de forma inadequada. O primeiro estudo oceanográfico a examinar a quantidade de lixo plástico quase à superfície nos oceanos do mundo foi publicado em 2014. Estimou-se que pelo menos 5,25 triliões de partículas de plástico individuais pesando cerca de 244.000 toneladas métricas (269.000 toneladas curtas) estavam a flutuar sobre ou perto da superfície. Um estudo de 2021 determinou que 44% do lixo plástico nos rios e oceanos, e nas linhas costeiras, era constituído por sacos, garrafas, e artigos relacionados com refeições de take-away. A poluição plástica foi notada pela primeira vez no oceano por cientistas que realizaram estudos de plâncton nos finais dos anos 60 e princípios dos anos 70, e os oceanos e praias ainda recebem a maior parte da atenção daqueles que estudam e trabalham para reduzir a poluição plástica. Foi demonstrado que os resíduos plásticos flutuantes se acumulam em cinco giros subtropicais que cobrem 40 por cento dos oceanos do mundo. Situados a meia latitude da Terra, estes giros incluem os Giros Subtropicais do Pacífico Norte e Sul, cujas "manchas de lixo" orientais (zonas com elevadas concentrações de resíduos plásticos que circulam perto da superfície do oceano) têm atraído a atenção dos cientistas e dos meios de comunicação social. Os outros giros são os Giros Subtropicais do Atlântico Norte e do Atlântico Sul e o Giro Subtropical do Oceano Índico.

No oceano, a poluição de plástico pode matar mamíferos marinhos directamente através do enredamento em objectos como artes de pesca, mas também pode matar através da ingestão, ao ser confundida com comida. Estudos descobriram que todos os tipos de espécies, incluindo pequenos zooplâncton, grandes cetáceos, a maioria das aves marinhas, e todas as tartarugas marinhas, ingerem prontamente pedaços de plástico e artigos de lixo como isqueiros, sacos de plástico, e tampas de garrafas. A luz solar e a água do mar incorporam plástico, e a eventual decomposição de objectos maiores em microplásticos torna o plástico disponível para o zooplâncton e outros pequenos animais marinhos. Estes pequenos pedaços de plástico, que têm menos de 5 mm (0,2 polegadas) de comprimento, constituem uma fracção considerável dos resíduos de plástico nos oceanos. Até 2018, tinham sido encontrados microplásticos nos órgãos de mais de 114 espécies aquáticas, incluindo algumas espécies encontradas apenas nas trincheiras mais profundas dos oceanos. Em 2020, os cientistas tinham estimado que pelo menos 14 milhões de toneladas métricas (15,4 milhões de toneladas curtas) de partículas microplásticas estavam a repousar no fundo do oceano, e outras investigações tinham revelado que o movimento das correntes marítimas profundas estava a criar "pontos quentes" microplásticos em partes dos oceanos, tais como um localizado no Mar Tirreno que continha quase dois milhões de peças microplásticas por metro quadrado (cerca de 186.000 peças por pé quadrado).

Para além de não ser nutritivo e indigesto, os plásticos têm demonstrado concentrar poluentes até um milhão de vezes o seu nível na água do mar circundante e depois entregá-los às espécies que os ingerem. Num estudo, foi demonstrado que os níveis de bifenilo policlorado (PCB), um lubrificante e material isolante que é agora amplamente proibido, aumentaram significativamente no óleo de glândulas pré-misturadas das águas de cisalhamento estriado *(Calonectris leucomelas)* depois destas aves marinhas terem sido alimentadas com pellets de plástico abatidas da baía de Tóquio durante apenas uma semana.

Há também aspectos terrestres da poluição plástica. Os sistemas de drenagem ficam obstruídos com sacos de plástico, películas e outros artigos, causando inundações. Aves terrestres, como o condor californiano reintroduzido, foram encontradas com plástico no estômago, e animais que normalmente se alimentam em lixeiras - por exemplo, as vacas sagradas da Índia - tiveram bloqueios intestinais das embalagens de plástico. A massa de plástico não é maior do que a de outros componentes principais dos resíduos, mas absorve um volume desproporcionalmente grande. À medida que as lixeiras se expandem nas áreas residenciais, os pobres necrófagos são frequentemente encontrados a viver perto ou mesmo em pilhas de plásticos residuais. Além disso, foram detectadas fibras e partículas microplásticas transportadas pelo vento em muitas partes do mundo, incluindo a neve depositada no alto das montanhas, nas praias árcticas e no gelo marinho, e na Antárctida.

Poluição por aditivos plásticos

O plástico também polui sem ser conspurcado especificamente, através da libertação de compostos utilizados no seu fabrico. De facto, a poluição do ambiente por químicos lixiviados dos plásticos no ar e na água é uma área emergente de preocupação. Como resultado, alguns compostos utilizados nos plásticos, tais como ftalatos, bisfenol A (BPA), e éter difenílico polibromado (PBDE), têm sido objecto de escrutínio e regulamentação rigorosos. Os ftalatos são plastificantes - amaciadores utilizados para tornar os produtos plásticos menos frágeis. Encontram-se em dispositivos médicos, embalagens alimentares, estofos de automóveis, materiais para pavimentos e computadores, bem como em produtos farmacêuticos, perfumes e cosméticos. BPA, utilizado no fabrico de plásticos de policarbonato transparente e duro e revestimentos e adesivos epóxi fortes, está presente em embalagens, garrafas, discos compactos, dispositivos médicos, e nos revestimentos de latas de alimentos. O PBDE é adicionado aos plásticos como um retardador de chama. Todos estes compostos foram detectados em humanos e são conhecidos por perturbar o sistema endócrino. Os ftalatos actuam contra as hormonas masculinas e são portanto conhecidos como anti-andrógenos; o BPA imita o estrogénio hormonal feminino natural; e o PBDE tem demonstrado perturbar as hormonas da tiróide, além de ser um anti-andrógeno. As pessoas mais vulneráveis a tais substâncias químicas desreguladoras da hormona são as crianças e as mulheres em idade reprodutiva.

Estes compostos também têm sido implicados em perturbações hormonais de animais em habitats terrestres, aquáticos e marinhos. São observados efeitos em animais de laboratório a níveis sanguíneos inferiores aos encontrados no residente médio de um país desenvolvido. Anfíbios, moluscos, vermes, insectos, crustáceos e peixes mostram efeitos na sua reprodução e desenvolvimento, incluindo alterações no número de descendentes produzidos, perturbação do desenvolvimento larvar, e (nos insectos) atraso na emergência - embora não tenham sido relatados estudos que investigassem o declínio resultante nessas populações. São necessários estudos para preencher esta lacuna de conhecimento, bem como estudos dos efeitos da exposição a misturas desses compostos em animais e seres humanos.

Resolver o problema

Dada a escala global da poluição plástica, o custo da remoção de plásticos do ambiente seria proibitivo. A maioria das soluções para o problema da poluição plástica, portanto, concentra-se na prevenção da eliminação inadequada ou mesmo na limitação da utilização de certos artigos de plástico em primeiro lugar. As multas pelo lixo têm-se revelado difíceis de aplicar, mas várias taxas ou proibições directas sobre recipientes de alimentos espumados e sacos de compras de plástico são agora comuns, tal como os depósitos resgatados levando garrafas de bebidas para centros de reciclagem. Os chamados esquemas de responsabilidade alargada do produtor, ou EPR, tornam os fabricantes de alguns artigos responsáveis pela criação de uma infra-estrutura para levar de volta e reciclar os produtos que produzem. A consciência das graves consequências da poluição plástica está a aumentar, e novas soluções, incluindo a crescente utilização de plásticos biodegradáveis e uma filosofia de "desperdício zero", estão a ser abraçadas pelos governos e pelo público.

Medidas de Controlo da Poluição da Água

A poluição da água, em maior escala, pode ser controlada por uma variedade de métodos. Em vez de libertar resíduos de esgotos em corpos de água, é melhor tratá-los antes da descarga. A sua prática pode reduzir a toxicidade inicial e as restantes substâncias podem ser degradadas e tornadas inofensivas pela própria massa de água. Se o tratamento secundário da água tiver sido efectuado, então esta pode ser reutilizada em sistemas sanitários e campos agrícolas. Uma planta muito especial, o jacinto de água pode absorver produtos químicos tóxicos dissolvidos, tais como o cádmio e outros elementos semelhantes. O estabelecimento destes em regiões propensas a tais tipos de poluentes reduzirá em grande medida os efeitos adversos. Alguns métodos químicos que ajudam no controlo da poluição da água são a precipitação, o processo de troca iónica, a osmose inversa, e a coagulação. Como indivíduo, a reutilização, redução e reciclagem, sempre que possível, avançará muito na superação dos efeitos da poluição da água.

CAPÍTULO 5: POLUIÇÃO DO SOLO

5.1 Poluição do solo

A "poluição do solo" refere-se à presença no solo de um produto químico ou substância fora do lugar e/ou presente a uma concentração superior à normal que tem efeitos adversos em qualquer organismo não visado. A poluição do solo muitas vezes não pode ser directamente avaliada ou visualmente percebida, tornando-a um perigo oculto. O Relatório sobre a Situação dos Recursos Mundiais do Solo (SWSR) identificou a poluição do solo como uma das principais ameaças do solo que afecta os solos globais e os serviços ecossistémicos por eles prestados. As preocupações com a poluição do solo estão a crescer em todas as regiões. Recentemente, a Assembleia Ambiental das Nações Unidas (UNEA-3) adoptou uma resolução apelando à aceleração das acções e colaboração para enfrentar e gerir a poluição do solo. Este consenso, alcançado por mais de 170 países, é um sinal claro da relevância global da poluição do solo e da vontade destes países em desenvolver soluções concretas para enfrentar as causas e impactos desta grande ameaça. As principais fontes antropogénicas de poluição do solo são os produtos químicos utilizados ou produzidos como subprodutos de actividades industriais, resíduos domésticos, pecuários e municipais (incluindo águas residuais), agroquímicos, e produtos derivados do petróleo. Estes produtos químicos são libertados para o ambiente acidentalmente, por exemplo, a partir de derrames de petróleo ou lixiviação de aterros, ou intencionalmente, como é o caso da utilização de fertilizantes e pesticidas, irrigação com águas residuais não tratadas, ou aplicação terrestre de lamas de depuração. A poluição do solo também resulta da deposição atmosférica da fundição, do transporte, da deriva de pulverização das aplicações de pesticidas e da combustão incompleta de muitas substâncias, bem como da deposição de radionuclídeos de ensaios de armas atmosféricas e de acidentes nucleares. Estão a ser levantadas novas preocupações sobre poluentes emergentes, tais como produtos farmacêuticos, desreguladores endócrinos, hormonas e toxinas, entre outros, e poluentes biológicos, tais como micropoluentes nos solos, que incluem bactérias e vírus. Com base em provas científicas, a poluição do solo pode degradar severamente os principais serviços ecossistémicos prestados pelo solo. A poluição do solo reduz a segurança alimentar, tanto reduzindo o rendimento das culturas devido aos níveis tóxicos de contaminantes, como fazendo com que as culturas produzidas a partir de solos poluídos não sejam seguras para consumo por animais e humanos. Muitos contaminantes (incluindo nutrientes importantes tais como azoto e fósforo) são transportados do solo para as águas superficiais e subterrâneas, causando grandes danos ambientais através da eutrofização e problemas de saúde humana directos devido à água potável poluída. Os poluentes também prejudicam directamente os microrganismos do solo e os organismos que habitam o solo de maior dimensão, afectando assim a biodiversidade do solo e os serviços prestados pelos organismos afectados.

A poluição do solo é definida como, "contaminação do solo por actividades

humanas e naturais que podem

causar efeitos nocivos nos organismos vivos".

5.2 Tipos, efeitos e fontes de poluição do solo

A poluição do solo ocorre principalmente devido aos seguintes factores:

1. Resíduos industriais

2. Resíduos urbanos

3. Práticas agrícolas

4. Poluentes radioactivos

5. Agentes biológicos

1-   Resíduos industriais - A eliminação de resíduos industriais é o principal problema da poluição do solo

Fontes: Os poluentes industriais são principalmente descarregados de várias origens, tais como fábricas de pasta e papel, fertilizantes químicos, refinarias de petróleo, fábricas de açúcar, curtumes, têxteis, aço, destilarias, fertilizantes, pesticidas, indústrias mineiras de carvão e minerais, medicamentos, vidro, cimento, petróleo e indústrias de engenharia, etc.

Efeito: Estes poluentes afectam e alteram as propriedades químicas e biológicas do solo. Como resultado, substâncias químicas perigosas podem entrar na cadeia alimentar humana a partir do solo ou da água, perturbar o processo bioquímico e, finalmente, conduzir a efeitos graves nos organismos vivos.

2- Resíduos urbanos - Os resíduos urbanos compreendem tanto resíduos comerciais como domésticos, constituídos por lamas secas e esgotos. Todos os resíduos sólidos urbanos são geralmente referidos como resíduos. Constituintes dos resíduos urbanos: estes resíduos consistem em lixo e materiais de lixo como plásticos, vidros, latas metálicas, fibras, papel, borrachas, varreduras de rua, resíduos de combustível, folhas, contentores, veículos abandonados e outros produtos manufacturados descartados. Os resíduos domésticos urbanos, embora eliminados separadamente dos resíduos industriais, podem ainda ser perigosos. Isto acontece porque eles não são facilmente degradados.

3- Práticas agrícolas - As práticas agrícolas modernas poluem o solo em grande medida. Com o avanço da agro-tecnologia, quantidades enormes de fertilizantes, pesticidas, herbicidas e herbicidas são acrescentadas para aumentar o rendimento das culturas. Para além destes desperdícios agrícolas, estrume, chorume, detritos, erosão do solo contendo na sua maioria produtos químicos inorgânicos são reportados como causadores de poluição do solo.

4- Poluentes radioactivos/ - Substâncias radioactivas resultantes de explosões de laboratórios de testes nucleares e indústrias que dão origem a resíduos radioactivos de poeiras nucleares, penetram no solo e acumulam-se dando origem a poluição do solo/poluição do solo.exemplos

1. Os radionuclídeos de Rádio, Tório, Urânio, isótopos de Potássio (K-40) e Carbono (C-14) são normalmente encontrados no solo, rocha, água e ar.

2. A explosão de armas de hidrogénio e radiações cósmicas incluem reacções de neutrões, prótons pelos quais o nitrogénio (N-15) produz C-14. Este C-14 participa no metabolismo do Carbono das plantas que depois se transforma em animais e seres humanos.

3. Os resíduos radioactivos contêm vários nuclídeos radioactivos como o Strontium90, Iodo129, Césio-137 e isótopos de Ferro, que são mais prejudiciais. O estrôncio é depositado

em ossos e tecidos, em vez de cálcio.

4. Reactores nucleares produzem resíduos contendo Ruténio-106, Iodo-131, Bário-140, Césio-144 e Lantânio-140 juntamente com nuclídeos primários Sr-90 com meia vida

28 anos e Cs-137 com meia vida 30 anos. A água da chuva transporta Sr-90 e Cs-137 para ser depositada no solo onde é mantida firmemente com as partículas do solo por electrostática

forças. Todos os nuclídeos de rádio depositados no solo emitem radiações gama.

5. Agentes biológicos - O solo recebe uma grande quantidade de excrementos humanos, animais e aves

que constituem uma importante fonte de poluição do solo por agentes biológicos.

Exemplos : 1. A aplicação pesada de estrume e lamas digeridas pode causar danos graves a

plantas dentro de alguns anos

5.3 Medidas de controlo da poluição do solo:

1. A erosão do solo pode ser controlada através de uma variedade de práticas florestais e agrícolas. Exemplos são Plantação de árvores em declives áridos. O cultivo em contornos e o cultivo em faixas pode ser praticado em vez de se deslocar

Cultivo. Podem ser empreendidos canais de terraplanagem e de desvio de edifícios. A redução da desflorestação e a substituição de estrume químico por resíduos animais também ajuda a travar a erosão do solo a longo prazo.

2. Descarga adequada de materiais indesejados: O excesso de resíduos pelo homem e pelos animais constitui um problema de eliminação. O despejo aberto é a técnica mais comummente praticada. Hoje em dia, a deposição controlada é seguida para a eliminação de resíduos sólidos. A superfície assim obtida é utilizada para alojamento ou campo desportivo.

3. Produção de fertilizantes naturais: Os biopesticidas devem ser utilizados no lugar de pesticidas químicos tóxicos. Os fertilizantes orgânicos devem ser utilizados no lugar de fertilizantes químicos sintetizados. Ex: Os resíduos orgânicos no estrume animal podem ser utilizados para preparar estrume de compostagem, em vez de os atirar de forma desperdiçada e poluindo o solo.

4. Estado higiénico adequado: As pessoas devem receber formação sobre hábitos higiénicos.

Ex: Os lavatórios devem ser equipados com métodos de eliminação rápidos e eficazes.

5. Sensibilização do público: Os programas informais e formais de sensibilização do público devem ser transmitidos para educar as pessoas sobre os perigos para a saúde através da educação ambiental.

Ex: Os meios de comunicação de massas, as instituições educativas e as agências de voluntariado podem alcançar este objectivo.

6. Reciclagem e Reutilização de resíduos: Para minimizar a poluição do solo, os resíduos tais como papel, plásticos, metais, vidros, produtos orgânicos, produtos petrolíferos e efluentes industriais, etc., devem ser reciclados e reutilizados..Ex: Os resíduos industriais devem ser devidamente tratados na fonte. Deverão ser adoptados métodos integrados de tratamento de resíduos.

7. Proibição de produtos químicos tóxicos: Deve ser imposta a proibição de produtos químicos e pesticidas como o DDT, BHC, etc., que são fatais para as plantas e animais. As explosões nucleares e a eliminação inadequada de resíduos radioactivos devem ser proibidas.

5.4 Quais são os Poluentes que Contaminam o Solo?

Alguns dos poluentes mais perigosos do solo são os xenobióticos - substâncias que não se encontram naturalmente na natureza e que são sintetizadas pelo ser humano. O termo 'xenobiótico' tem raízes gregas - 'Xenos' (estrangeiro), e 'Bios' (vida). Vários xenobióticos são conhecidos por serem carcinogéneos. Uma ilustração que detalha os principais poluentes do solo é fornecida abaixo.

5.4.1 Poluentes que Contaminam o Solo

Os diferentes tipos de poluentes que se encontram em solo contaminado estão listados nesta subsecção.

5.4.2 Metais Pesados

A presença de metais pesados (tais como chumbo e mercúrio, em concentrações anormalmente elevadas) nos solos pode fazer com que estes se tornem altamente tóxicos para os seres humanos. Alguns metais que podem ser classificados como poluentes do solo são tabelados abaixo.

5.4.3 Metais Tóxicos que Causam Poluição do Solo

Arsénico	Mercúrio	Chumbo
Antimónio	Zinco	Níquel
Cádmio	Selénio	Berílio
Tálio	Crómio	Cobre

Estes metais podem ter origem em várias fontes, tais como actividades mineiras, actividades agrícolas, e resíduos electrónicos (e-waste), e resíduos médicos.

5.4.4 Hidrocarbonetos aromáticos policíclicos

Os hidrocarbonetos policíclicos aromáticos (frequentemente abreviados para PAH) são compostos orgânicos que contêm apenas carbono e o átomo de hidrogénio contêm mais do que um anel aromático nas suas estruturas químicas.

Exemplos comuns de PAHs incluem naftaleno, antraceno, e fenaleno. A exposição a hidrocarbonetos aromáticos policíclicos tem estado ligada a várias formas de cancro. Estes compostos orgânicos também podem causar doenças cardiovasculares nos seres humanos. A poluição do solo devido aos HAP pode ser causada pelo processamento de coque (carvão), emissões de veículos, fumo de cigarro, e extracção de óleo de xisto.

5.4.5 Resíduos Industriais

A descarga de resíduos industriais nos solos pode resultar em poluição do solo. Alguns poluentes comuns do solo que podem ser provenientes de resíduos industriais são enumerados abaixo.

5.4.6 Solventes industriais clorados

As dioxinas são produzidas a partir do fabrico de pesticidas e da incineração de resíduos, Plastificantes/dispersantes

5.4.7 Bifenilos policlorados (PCBs)

A indústria petrolífera cria muitos produtos de resíduos de hidrocarbonetos petrolíferos. Alguns destes resíduos, como o benzeno e o metilbenzeno, são conhecidos por serem cancerígenos por natureza.

5.4.8 Pesticidas

Os pesticidas são substâncias (ou misturas de substâncias) que são utilizadas para matar ou inibir o crescimento de pragas. Os tipos comuns de pesticidas utilizados na agricultura incluem

Herbicidas - utilizados para matar/controlar ervas daninhas e outras plantas indesejadas.

Insecticidas - utilizados para matar insectos.

Fungicidas - utilizados para matar fungos parasitas ou inibir o seu crescimento.

No entanto, a difusão não intencional de pesticidas no ambiente (vulgarmente conhecida como "deriva de pesticidas") coloca uma variedade de preocupações ambientais, tais como a poluição da água e do solo. Alguns contaminantes importantes do solo encontrados em pesticidas estão listados abaixo.

Herbicidas	Triazines	Carbamatos	Amides
Ácidos fenoxialquílicos	Ácidos alifáticos	Insecticidas	Organofosfatos
Hidrocarbonetos clorados	Compostos contendo arsénico	Pyrethrum	Fungicidas
Compostos contendo mercúrio			

5.4.9 Thiocarbamatos

Sulfato de cobre Estas substâncias químicas representam vários riscos para a saúde humana. Exemplos de riscos para a saúde relacionados com pesticidas incluem doenças do sistema nervoso central, doenças do sistema imunitário, cancro, e defeitos de nascença.

5.5 Poluição difusa

Poluição difusa é a poluição que se espalha por áreas muito vastas, se acumula no solo, e não tem uma fonte única ou facilmente identificada. A poluição difusa ocorre onde a emissão, transformação e diluição de contaminantes em outros meios ocorreram antes da sua transferência para o solo. A poluição difusa envolve o transporte de poluentes através de sistemas ar-solo-água. Por conseguinte, são necessárias análises complexas envolvendo estes três compartimentos, a fim de avaliar adequadamente este tipo de poluição. Por essa razão, a poluição difusa é difícil de analisar, e pode ser um desafio rastrear e delimitar a sua extensão espacial. Muitos dos contaminantes que causam poluição local podem estar envolvidos em poluição difusa, uma vez que o seu destino no ambiente não é bem compreendido. Os exemplos de poluição difusa são numerosos e podem incluir fontes de energia nuclear e actividades armadas; eliminação descontrolada de resíduos e efluentes contaminados libertados nas bacias hidrográficas e na sua proximidade; aplicação terrestre de lamas de depuração; utilização agrícola de pesticidas e fertilizantes que também adicionam metais pesados, poluentes orgânicos persistentes, excesso de nutrientes e agroquímicos que são transportados a jusante por escoamento superficial; eventos de cheias; transporte e deposição atmosférica; e/ou erosão do solo. A poluição difusa tem um impacto significativo sobre o ambiente e a saúde humana, embora a sua gravidade e extensão sejam geralmente desconhecidas.

5.6 Principais poluentes no solo

A libertação de poluentes para o ambiente, como já foi mencionado, tem geralmente origem em processos antropogénicos. Mesmo que alguns elementos e compostos ocorram naturalmente nos solos, as intervenções humanas são os principais motores da poluição do solo. As secções seguintes discutem apenas um pequeno subconjunto dos poluentes mais comuns que afectam as áreas agrícolas, e as propriedades que tornam estes compostos poluentes. Os poluentes têm sido divididos pelas suas características químicas, mas algumas das categorias aqui apresentadas sobrepõem-se. Swartjes propôs uma categorização sistemática dos poluentes que pode ser útil para uma melhor compreensão dos mesmos .

5.7 Metais pesados e metalóides

O termo "metais pesados" refere-se ao grupo de metais e metalóides de massa atómica relativamente elevada (>4,5 g/cm3) tais como Pb, Cd, Cu, Hg, Sn, e Zn, que podem causar problemas de toxicidade. Outros metais não metálicos que são frequentemente considerados juntamente com metais pesados incluem As, antimónio (Sb) e selénio (Se). Estes elementos ocorrem naturalmente em baixas concentrações nos solos. Muitos deles são micronutrientes essenciais para as plantas, animais e seres humanos, mas em concentrações elevadas podem causar fitotoxicidade e prejudicar a saúde humana devido à sua natureza não biodegradável, o que os faz acumular-se facilmente nos tecidos e organismos vivos. As principais fontes antropogénicas de metais pesados são áreas industriais, rejeitos de minas, eliminação de resíduos metálicos elevados, gasolina com chumbo e tintas, aplicação de fertilizantes, estrume animal, lamas de depuração, pesticidas, irrigação de águas residuais, resíduos de combustão de carvão, derrame de petroquímicos, e deposição atmosférica a partir de fontes variadas. Os metais pesados são o tipo mais persistente e complexo de poluentes a remediar na natureza. Não só degradam a qualidade da atmosfera, dos corpos de água e das culturas alimentares, como também ameaçam a saúde e o bem-estar dos animais e dos seres humanos. Os metais acumulam-se nos tecidos dos organismos vivos porque, ao contrário da maioria dos compostos orgânicos, não estão sujeitos a degradação metabólica. Entre os metais pesados, Zn, Ni, Co, e Cu são relativamente mais tóxicos para as plantas, e As, Cd, Pb, Cr e Hg são relativamente mais tóxicos para os animais superiores. Os elementos mais importantes a considerar em termos de contaminação da cadeia alimentar são As, Cd, Hg, Pb e Se. As principais fontes de As nos solos são compostos agroquímicos e actividades mineiras e de fundição, mas também podem ser introduzidas em estrume proveniente de alimentos para animais com aditivos As-rich. Alguns materiais de base são ricos em As e, por conseguinte, o seu envelhecimento também pode ser uma fonte de As em altas concentrações. Os metais residuais de pesticidas inorgânicos (à base de Cu) e orgânicos representam uma grande preocupação ambiental e toxicológica. O Cu é facilmente imobilizado por matéria orgânica do solo (SOM) e Fe- e Mn-(hidro)óxidos, permanecendo em altas concentrações nas camadas superiores dos solos. No entanto, o Cu derivado de fungicidas foi encontrado em grandes quantidades na fracção potencialmente disponível do solo.

5.8 Nitrogénio e fósforo

O azoto (N) é um componente essencial de todas as estruturas vivas tais como proteínas, ADN, ARN, hormonas, enzimas e vitaminas. Ocorre tanto nas formas orgânicas como inorgânicas, e em muitos estados diferentes de oxidação. As suas formas disponíveis diferem em função do organismo específico. Formas não reactivas como o nitrogénio gasoso (N_2) podem ser assimiladas através da actividade microbiana. As plantas precisam de formas mais quimicamente disponíveis, tais como amónio (NH_4^+) e nitrato (NO_3^-), enquanto os animais precisam de formas complexas, tais como aminoácidos e ácidos nucleicos . O fósforo (P) é um dos principais macronutrientes para todos os organismos vivos. Faz parte de moléculas biológicas, tais como ADN e ARN, e é utilizado para transportar energia celular via trifosfato de adenosina (ATP Os pesticidas podem ser moléculas sintéticas orgânicas ou inorgânicas. São classificados com base nas suas estruturas químicas, no seu modo de acção, no seu modo de entrada no corpo, e nos seus organismos alvo. Os seus efeitos toxicológicos sobre as pragas dependem da sua composição química, o que por sua vez afecta a sua interacção com os componentes do solo. De acordo com a sua estrutura química, os pesticidas podem ser divididos em doze grupos distintos, com os principais pesticidas em cada grupo listados abaixo:

• **compostos organoclorados**: DDT, Metoxicloro, Clordano, Dicofol. BHC/HCH, Aldrin, Endosulfan, Heptacloro, Methoxychlor, Clordano,

Dicofol;

• **compostos organofosforados**: Parathion, Malathion, Monocrotophos, Chlorpyrifos, Quinalphos, Phorate, Diazinon, Fenitrothion, Acephate, Dimethoate, Fenthion, Isofenfos, Phosphamidon, Temephos, Triazophos;

• **carbamatos**: Aldicarbe, Oxamyl, Carbaryl, Carbofuran, Carbosulfan, Methomyl, Methiocarb, Propoxur, Pirimicarb;

• **piretróides**: Allethrins, Deltametrin, Resmethrin, Cipermethrin, Permethrin, Fenvalerate, Pyrethrum;

• **neonicotinóides**: Acetamiprid, Imidacloprid, Nitenpyram, Thiamethoxam;

• **compostos organoestânicos**: acetato de trifenilestanho, cloreto de trivenilestanho, hidróxido de triciclohexilestanho, azocicloestanho;

• **compostos organomercuriais**: Cloreto de etilo mercúrico, bromoto de fenil mercúrico;

• **fungicidas de ditiocarbamatos**: Zineb, Maneb, Mancozeb, Ziram;

• **compostos benzimidizol**: Benomil, Carbendazim, Tiofanato-Tio metílico;

• **compostos de clorfenoxi**: 2,4-D, TCDD, DCPA, 2,4,5-T, 2,4-DB, MCPA, MCPP;

• **dipiridiliums**: Paraquat, Diquat;

• **Diversos**: DNOC, Bromoxil, Simazazina, Triazamato.

Alguns dos pesticidas listados acima são também poluentes orgânicos persistentes (POPs) e são discutidos mais adiante. Alguns pesticidas estão também associados à contaminação dos solos por metais pesados. O recente relatório do Painel Técnico Intergovernamental sobre Solos (ITPS) sobre o impacto dos produtos fitofarmacêuticos nas funções do solo e nos serviços do ecossistema destacou o grave impacto dos fungicidas à base de cobre em minhocas e biomassa microbiana. Estes fungicidas são amplamente utilizados na viticultura biológica para controlar doenças fúngicas da vinha. A persistência, comportamento e mobilidade dos pesticidas são também extremamente variados, bem como os mecanismos envolvidos na sua degradação e retenção nos solos: sorção-dessorção, volatilização, degradação química e biológica, absorção pelas plantas e lixiviação.

5.9 Hidrocarbonetos policíclicos aromáticos

Os hidrocarbonetos aromáticos policíclicos (HAP) são um grupo de poluentes orgânicos persistentes e semi-voláteis. Os hidrocarbonetos policíclicos aromáticos representam um amplo grupo de moléculas fisico-quimicamente diferentes, feitas de dois ou mais anéis de benzeno não substituídos fundidos quando um par de átomos de carbono é partilhado entre eles. Os PAH mais frequentes são antraceno, fluoranteno, naftaleno, pireno, fenantreno e benzopireno. A muito baixa solubilidade em água dos HAP e as lentas taxas de transferência de massa da fase sólida podem limitar a sua disponibilidade aos microrganismos, impedindo assim a atenuação natural por processos microbianos. Os hidrocarbonetos aromáticos policíclicos acumulam-se nos solos devido à sua persistência e hidrofobicidade e tendem a ser retidos no solo por longos períodos de tempo. Por essa razão, a maioria dos HAP são componentes dos POP e estão disseminados no ar, na água, nos solos e nos sedimentos. Os PAH de baixo peso molecular, com dois ou três anéis, são voláteis e ocorrem principalmente na atmosfera, enquanto que os de peso molecular médio e alto são divididos entre a atmosfera e as partículas, dependendo da temperatura. A combustão incompleta de carvão, gás, petróleo e lixo; pirólise de materiais orgânicos por indústrias, agricultura e tráfego; processos de alteração diagenética de matéria orgânica natural (OM); irrigação de águas residuais a longo prazo; lamas de esgoto reutilizadas; e utilização de fertilizantes na produção agrícola resultam todos em elevadas concentrações de PAH nos solos agrícolas. Por exemplo, nas florestas da Alemanha Ocidental, os locais de mineração de faixas de carvão castanho foram identificados como as principais fontes de HAP de baixo peso. Os poluentes orgânicos persistentes (POP) são substâncias químicas que persistem no ambiente, bioacumulam através da cadeia alimentar, e têm efeitos adversos na saúde humana e no ambiente. Existem muitos milhares de POP, e as suas origens são numerosas, uma vez que têm sido utilizados na agricultura, no controlo de doenças, no fabrico e em muitos processos industriais. Os POP incluem aromáticos clorados e bromados, tais como bifenilos policlorados (PCB), que têm sido úteis numa variedade de aplicações industriais, por exemplo em transformadores eléctricos e grandes condensadores, como fluidos hidráulicos e de troca de calor, e como aditivos para tintas e lubrificantes; e pesticidas organoclorados como o DDT e os seus metabolitos, que ainda são utilizados para controlar mosquitos que transportam a malária em algumas partes do mundo. Outros produtos químicos, produzidos involuntariamente, tais como dioxinas (dibenzo-p-dioxinas policloradas e -furanos), que resultam de alguns processos industriais e da combustão (incineração de resíduos municipais e médicos e queima de resíduos domésticos em quintais) estão também incluídos nesta categoria. Os poluentes orgânicos persistentes são principalmente compostos hidrofóbicos e lipofílicos, pelo que apresentam grande afinidade com a matéria orgânica e as membranas lipídicas das células e, por conseguinte, podem ser armazenados em tecido adiposo. A Convenção de Estocolmo, um tratado global de protecção dos seres humanos e do ambiente contra a contaminação por POP, enumerou mais de 20 POP até agora (Convenção de Estocolmo, 2018). Os poluentes orgânicos persistentes entram na cadeia alimentar acumulando na gordura corporal dos organismos vivos e tornando-se mais concentrados à medida que passam de um organismo para outro num processo conhecido como "biomagnificação". Os poluentes orgânicos persistentes também têm alta mobilidade: podem penetrar facilmente na água na sua fase gasosa durante o tempo quente e volatilizar-se dos solos para a atmosfera. Isto pode então levar à sua deposição a muitos quilómetros de distância do ponto de libertação, à medida que as temperaturas arrefecem. Exemplos de contaminação por POP através da mobilidade incluem a descoberta de quantidades significativas de POP em regiões isoladas do Árctico.

5.10 Radionuclídeos

Os radionuclídeos estão presentes no ambiente tanto como uma substância natural como uma de origem antropogénica. A emissão de radiação ionizante durante a decomposição dos átomos activos é a principal via de contaminação dos radionuclídeos, considerando as suas longas semi-vidas.

Os radionuclídeos naturais e antropogénicos mais comuns encontrados nos solos são os 40K, 238U, 232Th, 90Sr e 137Cs. As fontes antropogénicas de poluição nuclear incluem a precipitação global dos testes de armas nucleares atmosféricas durante as décadas médias do século passado, operações de instalações nucleares e indústria não nuclear (por exemplo, centrais eléctricas a carvão, manipulação e eliminação de resíduos nucleares, e extracção de minérios radioactivos, fertilizantes minerais). Os radionuclídeos no solo são absorvidos pelas centrais, ficando assim disponíveis para redistribuição dentro da cadeia alimentar. Por exemplo, após o acidente de Fukushima, foi realizado um controlo rigoroso dos produtos agrícolas para garantir a segurança alimentar. A monitorização demonstrou uma rápida decomposição do conteúdo de radionuclídeos em produtos vegetais, mas também descobriu que os radionuclídeos permaneceram biodisponíveis nos solos muito tempo após a contaminação inicial. Embora a remoção do solo superficial seja altamente recomendada após um acidente radioactivo grave, pode não ser possível em grandes áreas, uma vez que geraria uma enorme quantidade de resíduos radioactivos. Por essa razão, as áreas agrícolas são frequentemente abandonadas durante muitos anos. As contramedidas agrícolas devem ser aplicadas para reduzir a transferência de radionuclídeos na cadeia alimentar e para facilitar o regresso dos solos potencialmente afectados à sua utilização agrícola. A transferência de radionuclídeos para produtos alimentares derivados de animais também tem sido analisada, mas os mecanismos envolvidos ainda não são completamente claros ou bem compreendidos.

5.11 Poluentes emergentes

Poluentes emergentes (PE) refere-se a um grande número de substâncias químicas sintéticas ou naturais que surgiram recentemente no ambiente e que não são normalmente monitorizadas. Têm o potencial de entrar no ambiente e de causar efeitos ecológicos e/ou de saúde humana conhecidos ou suspeitos. Os poluentes emergentes podem muito bem tornar-se poluentes de preocupação emergente, uma vez que novos factos ou informações demonstraram que representam um risco para o ambiente e a saúde humana . Os poluentes emergentes abrangem produtos químicos, tais como produtos farmacêuticos, desreguladores endócrinos, hormonas e toxinas, entre outros, e poluentes biológicos, tais como micro-poluentes nos solos, que incluem bactérias e vírus. A produção antropogénica de produtos químicos tem registado um rápido crescimento a nível mundial desde os anos 70. Na União Europeia, em 2016, a indústria química produziu 319 milhões de toneladas de produtos químicos perigosos e não perigosos. Destes, 117 milhões de toneladas foram considerados perigosos para o ambiente. Prevê-se que a produção global aumente anualmente em cerca de 3,4% até 2030, e os países não-OCDE serão muito mais contribuintes para esta produção no futuro. A produção e utilização de substâncias químicas perigosas foram reduzidas nos últimos dez anos; contudo, as incertezas que ainda subsistem e a falta de informação de muitos países em desenvolvimento tornam impossível concluir que os riscos para o ambiente e a saúde humana tenham sido reduzidos com sucesso. Como exemplo, propriedades como o comportamento de adsorção de produtos farmacêuticos podem variar muito em diferentes tipos de solo, uma vez que a sua ocorrência, tanto nas formas ionizadas como sindicalizadas, afecta a sua interacção com diferentes compostos no solo. A abundância de um elevado número de poluentes emergentes potencialmente tóxicos no ambiente reforça a necessidade de compreender melhor a sua ocorrência, destino e impacto ecológico . Uma vez que as fontes de EP são variadas e numerosas, a sua natureza, propriedades físicas e químicas são também diversas. Estas incluem volatilidade, polaridade, propriedades de adsorção, persistência e a sua interacção com o ambiente.

A ocorrência e implicações de resíduos de antibióticos no ambiente é uma preocupação emergente. Os antibióticos, fungicidas e outros medicamentos são tomados diariamente pelo homem, e são extensivamente administrados ao gado para promover o crescimento e reduzir ou prevenir doenças. É bem conhecido que os produtos farmacêuticos, após administração, são absorvidos e sofrem reacções metabólicas (por exemplo, hidroxilação, clivagem ou glucuronação) para produzir metabolitos, que podem ser ainda mais nocivos do que os compostos originais ou podem ser transformados de volta aos compostos activos originais . Grandes fracções das drogas não são assimiladas ou metabolizadas e são excretadas nas fezes ou na urina. Por conseguinte, os medicamentos são continuamente libertados nas águas residuais urbanas e no estrume animal. Quando o estrume e as lamas de depuração são aplicados em terras agrícolas como fertilizantes, ou quando as águas residuais tratadas são utilizadas para irrigação agrícola, as culturas são expostas a antibióticos que podem persistir nos solos de algumas a várias centenas de dias. Tem sido documentado que certos antibióticos, especificamente tetraciclinas, amoxicilina e fluoroquinolonas, podem ser tomados pelas plantas das culturas, enquanto outros PPCP, como o miconazol (fungicida) e a fluoxetina (antidepressivos), não estão presentes nas culturas, apesar da sua persistência no solo.

Dois outros grandes grupos de contaminantes emergentes são as nanopartículas artificiais (MNPs) e os subprodutos do tratamento. O número de produtos que contêm ou requerem MNPs aumentou muito nas últimas décadas e estão presentes em mais de mil produtos, inclusive como aditivos em tintas, cosméticos, têxteis, papéis, plásticos e alimentos. São também utilizados nos têxteis para produzir vestuário autolimpante, repelente de água e sujidade, antimicrobiano e ultravioleta e resistente à abrasão. As nanopartículas fabricadas são aplicadas deliberadamente na remediação do solo, com o objectivo de reduzir o impacto de poluentes orgânicos e inorgânicos, e são também libertadas involuntariamente no solo através de várias outras vias. O comportamento e interacções dos PNMs com a matriz do solo e com excreções e microrganismos biológicos ainda não são bem compreendidos. Isto deve-se à falta de informação disponível sobre as suas propriedades, tais como solubilidade, conformação física, forma, e carga superficial. A transformação das nanopartículas feitas pelo homem antes e depois da sua entrada no ambiente, tais como modificações superficiais por ácidos húmicos, interacções com cátions e dissolução, podem controlar o seu destino no ambiente. Consequentemente, a gestão de risco de EP permanece fragmentada e estática. Os subprodutos do tratamento são gerados quando o tratamento da água (água potável ou águas residuais) gera novos produtos a partir da reacção dos reagentes com os componentes da matriz ou quando as reacções dos contaminantes alvo são incompletas e alguns subprodutos que podem ter alguma toxicidade residual são gerados. As preocupações com a segurança do abastecimento e o ciclo do fósforo biogeoquímico quebrado promoveram a procura de produtos novos, mais sustentáveis e comercializáveis. Novas abordagens a uma economia circular promovem a utilização de fertilizantes orgânicos e baseados em resíduos, tais como o estruvite (precipitado de amónio e magnésio do fluxo de águas residuais, fertilizante de libertação lenta), biochar ou cinzas (de lamas de esgotos). Estas novas categorias de fertilizantes visam a reciclagem de nutrientes que de outra forma se teriam perdido. No entanto, ainda não foram estabelecidas normas de qualidade para estes produtos, a fim de assegurar uma aplicação segura na terra e nas culturas. Podem conter metais pesados e resíduos semelhantes aos PPCP (hormonas, etc.) com efeitos adversos sobre o ambiente. Prevê-se que a sua produção e comerciabilidade aumentem globalmente nas próximas uma a duas décadas. A União Europeia, por exemplo, está a enfrentar este novo desafio adoptando um novo plano de acção sobre a economia circular, e planeia regular, entre outros, o conteúdo de contaminantes no quadro do novo Regulamento da União Europeia sobre Fertilizantes.

5.12 Microrganismos patogénicos

Devido à vasta biodiversidade e biomassa do organismo, com mais de 10000 espécies por metro quadrado e toneladas de biomassa bacteriana por área de cultivo, existe uma grande competitividade para os recursos dentro do solo. Alguns organismos desenvolveram defesas químicas através da excreção de compostos que podem matar ou interferir com o crescimento de outros microrganismos que se deparam com estes compostos. Destes organismos, a grande maioria não representa qualquer ameaça para a saúde humana, funcionando antes para fornecer numerosos serviços ecossistémicos que emergem através da multiplicidade de interacções complexas entre os organismos no interior do solo e o próprio solo. Alguns destes organismos, contudo, podem ser prejudiciais para os seres humanos, causando doenças transmitidas pelo solo. Actuam ou como agentes patogénicos oportunistas que se aproveitam de indivíduos susceptíveis, tais como os imunocomprometidos, ou como agentes patogénicos obrigatórios que devem infectar os seres humanos a fim de completar os seus ciclos de vida. Alguns destes organismos podem ser capazes de sobreviver dentro do solo durante longos períodos de tempo antes de infectarem os seres humanos que entram em contacto com o solo contaminado, enquanto outros requerem que a infecção ocorra mais ou menos imediatamente após deixarem o hospedeiro anterior. Van der Putten et al. definiram as doenças humanas transmitidas pelo solo como 'doenças humanas resultantes de qualquer patogénico ou parasita, cuja transmissão pode ocorrer a partir do solo, mesmo na ausência de outros indivíduos infecciosos". Apresentaram uma lista abrangente de agentes patogénicos, diferenciando entre os que são verdadeiramente organismos patogénicos do solo (organismos patogénicos eedáficos, EPO) e os que podem sobreviver nos solos por longos períodos de tempo como estruturas de resistência, embora sejam agentes patogénicos obrigatórios (agentes patogénicos transmitidos pelo solo, STPs).

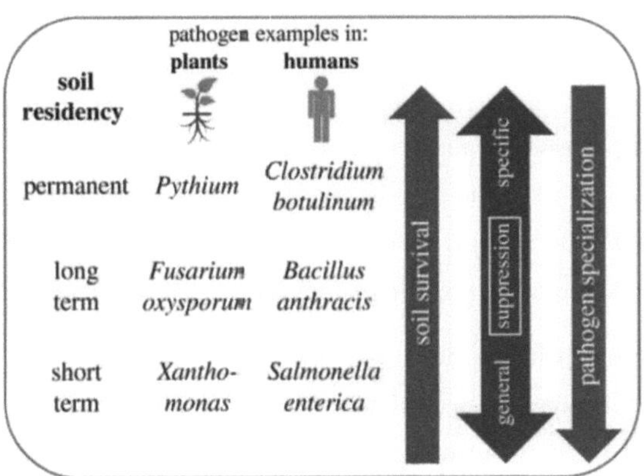

Figura doenças patogénicas baseadas no solo

Alguns agentes patogénicos podem ter origem nas fezes animais, e o solo representa a principal via de contaminação por contacto dérmico ou contacto com água e alimentos contaminados. Os helmintos, um tipo de vermes parasitas, estão presentes nas fezes humanas, e contaminam o solo em áreas com saneamento deficiente. A Organização Mundial de Saúde (OMS) estimou que dois mil milhões de pessoas estão infectadas por helmintos transmitidos pelo solo em todo o mundo. Práticas agrícolas inseguras como a irrigação com águas residuais domésticas não tratadas e alterações do solo com estrume animal mal tratado são muito comummente utilizadas por pequenos agricultores, principalmente nos países em desenvolvimento, mas são também práticas que podem afectar os países desenvolvidos. O consumo de frutas e vegetais crus ou minimamente transformados, tais como alface, espinafres e cenouras, tem aumentado significativamente devido à sua importância para uma dieta saudável. No entanto, quando são produzidos utilizando práticas impróprias, podem tornar-se uma fonte de patogénicos entéricos, como demonstrado pelo número crescente de infecções humanas documentadas associadas ao consumo de produtos frescos.

5.13   Classificação da poluição do solo

A poluição do solo pode ser amplamente classificada em duas categorias -

- Poluição do solo causada naturalmente
- Poluição antropogénica do solo (causada pela actividade humana)

1-Poluição Natural do Solo

Em alguns processos extremamente raros, alguns poluentes são naturalmente acumulados nos solos. Isto pode ocorrer devido à deposição diferencial do solo pela atmosfera. Outra forma em que este tipo de poluição do solo pode ocorrer é através do transporte dos poluentes do solo com a água da precipitação.

Um exemplo de poluição natural do solo é a acumulação de compostos contendo o anião perclorato (ClO4-) em alguns ecossistemas secos e áridos. É importante notar que alguns contaminantes podem ser produzidos naturalmente no solo sob o efeito de certas condições ambientais. Por exemplo, os percloratos podem formar-se em solos contendo cloro e certos metais durante uma trovoada.

2-Poluição Antropogénica do Solo

Quase todos os casos de poluição do solo são antropogénicos por natureza. Uma variedade de actividades humanas pode levar à contaminação do solo. Alguns desses processos estão listados abaixo.

- A demolição de edifícios antigos pode envolver a contaminação de solo próximo com amianto.
- A utilização de tinta à base de chumbo durante as actividades de construção também pode poluir o solo com concentrações perigosas de

chumbo.

- O derrame de gasolina e gasóleo durante o transporte pode contaminar os solos com os hidrocarbonetos encontrados no petróleo.
- As actividades associadas às fábricas de fundição de metais (fundições) provocam frequentemente a dispersão de contaminantes metálicos nos solos próximos.
- As actividades mineiras subterrâneas podem causar a contaminação da terra com metais pesados.
- A eliminação inadequada de resíduos industriais/químicos altamente tóxicos pode poluir gravemente o solo. Por exemplo, o armazenamento de resíduos tóxicos em aterros pode resultar na infiltração dos resíduos no solo. Estes resíduos podem também continuar a poluir as águas subterrâneas.
- Os pesticidas químicos contêm várias substâncias perigosas. O uso excessivo e ineficiente de pesticidas químicos pode resultar em grave poluição do solo.
- Os esgotos produzidos em áreas urbanizadas também podem contaminar o solo (se não forem eliminados correctamente). Estes resíduos podem também conter várias substâncias cancerígenas.
- Outras formas de resíduos que podem poluir o solo incluem os resíduos nucleares, os resíduos electrónicos e as cinzas de carvão.

5.14   Quais são as Consequências Negativas da Poluição do Solo?

A poluição do solo abriga um amplo espectro de consequências negativas que afectam plantas, animais, seres humanos, e o ecossistema como um todo. Uma vez que as crianças são mais susceptíveis a doenças, o solo poluído representa uma maior ameaça para elas. Alguns efeitos importantes da poluição do solo são descritos em pormenor nesta subsecção.

5.14.1 Efeitos sobre os seres humanos

Os contaminantes do solo podem existir nas três fases (sólidos, líquidos, e gasosos). Portanto, estes contaminantes podem encontrar o seu caminho para o corpo humano através de vários canais, como o contacto directo com a pele ou através da inalação de pó de solo contaminado. Os efeitos a curto prazo da exposição humana a solo contaminado incluem

Dores de cabeça, náuseas, e vómitos.	Tosse, dor no peito, e sibilo.	Irritação da pele e dos olhos.
Fadiga e fraqueza.		

Uma variedade de doenças de longa duração tem estado ligada à poluição do solo. Algumas dessas doenças estão listadas abaixo. A exposição a níveis elevados de chumbo pode resultar em danos permanentes para o sistema nervoso. As crianças são particularmente vulneráveis ao chumbo.

Depressão do SNC (Sistema Nervoso Central).	Danos em órgãos vitais, tais como o rim e o fígado.	Maior risco de desenvolvimento de cancro.

Pode notar-se que muitos poluentes do solo, tais como hidrocarbonetos petrolíferos e solventes industriais, foram ligados a perturbações congénitas nos seres humanos. Assim, a poluição do solo pode ter vários efeitos negativos na saúde humana.

5.14.2 Efeitos nas plantas e nos animais

Uma vez que a poluição do solo é frequentemente acompanhada por uma diminuição da disponibilidade de nutrientes, a vida vegetal deixa de prosperar em tais solos. Os solos contaminados com alumínio inorgânico podem revelar-se tóxicos para as plantas. Além disso, este tipo de poluição aumenta frequentemente a salinidade do solo, tornando-o inóspito para o crescimento da vida das plantas. As plantas que são cultivadas em solos poluídos podem acumular altas concentrações de poluentes do solo através de um processo conhecido como bioacumulação. Quando estas plantas são consumidas por herbívoros, todos os poluentes acumulados são passados ao longo da cadeia alimentar. Isto pode resultar na perda/extinção de muitas espécies animais desejáveis. Além disso, estes poluentes podem eventualmente chegar ao topo da cadeia alimentar e manifestar-se como doenças em seres humanos.

5.14.3 Efeitos sobre o Ecossistema

Como os contaminantes voláteis do solo podem ser arrastados para a atmosfera pelos ventos ou podem infiltrar-se nas reservas de água subterrâneas, a poluição do solo pode contribuir directamente para a poluição do ar e da água. Pode também contribuir para a chuva ácida (ao libertar enormes quantidades de amoníaco na atmosfera). Os solos ácidos são inóspitos a vários microorganismos que melhoram a textura do solo e ajudam na decomposição da matéria orgânica. Assim, os efeitos negativos da poluição do solo também têm impacto na qualidade e textura do solo. O rendimento das culturas é grandemente afectado por esta forma de poluição. Na China, mais de 12 milhões de toneladas de grãos (no valor aproximado de 2,6 mil milhões de USD) são considerados impróprios para consumo humano devido à contaminação com metais pesados (de acordo com estudos conduzidos pelo Diálogo com a China).

5.15 Como se pode controlar a poluição do solo?

Várias tecnologias foram desenvolvidas para tratar da remediação do solo. Algumas estratégias importantes seguidas para a descontaminação de solos poluídos estão listadas abaixo.

* Escavação e subsequente transporte de solos poluídos para locais remotos e desabitados.
* Extracção de poluentes através de remediação térmica - a temperatura é aumentada de modo a forçar os contaminantes para a fase de vapor, após o que podem ser recolhidos através da extracção de vapor.
* Biorremediação ou fitorremediação envolve a utilização de microrganismos e plantas para a descontaminação do solo.
* A micorremediação envolve a utilização de fungos para a acumulação de contaminantes de metais pesados.

CAPÍTULO 6: QUÍMICA AMBIENTAL À ESCALA GLOBAL

6.1 Porquê estudar a química de GSE?

Um s cientistas aprenderam mais sobre a forma como os constituintes químicos da superfície terrestre funcionam, tornou-se claro que é insuficiente considerar apenas reservatórios ambientais individuais. Estes reservatórios não existem em isolatio,há grandes e contínuos fluxos de químicos entre eles. Além disso, a saída de material de um reservatório pode ter pouco efeito sobre ele, mas pode ter um impacto muito grande sobre o reservatório receptor. Por exemplo, o fluxo natural de gás de enxofre reduzido dos oceanos para a atmosfera não tem essencialmente qualquer impacto sobre a química da água do mar, e ainda tem um papel importante na química ácido-base da atmosfera, além de afectar a quantidade de cobertura de nuvens. Uma vez que os sistemas integrados precisam de ser entendidos de forma holística, os estudos do sistema ambiental global e as alterações naturais e induzidas pelo homem tornaram-se muito importantes. Por definição, tais estudos são em grande escala, geralmente para além dos recursos da maioria das nações, e muito menos dos cientistas individuais. Assim, nos últimos anos, foram implementados vários grandes programas internacionais, sendo o mais relevante para a química ambiental o Programa Internacional Geosfera-Biosfera (IGBP) do Conselho Internacional para a Ciência. Este tem como objectivo: descrever e compreender os processos interactivos físicos, químicos e biológicos que regulam o sistema terrestre total, o ambiente único que ele proporciona à vida, as mudanças que ocorrem neste sistema, e a forma como são influenciados pelas acções humanas. Esta grande agenda de investigação preocupa-se não só em compreender como os sistemas terrestres funcionam actualmente, mas também como funcionaram no passado, bem como em prever como poderão mudar no futuro em resultado de actividades humanas e outros factores, e examina o ciclo global de carbono, enxofre e poluentes orgânicos persistentes (POPs) à superfície da Terra ou perto dela.

6.2 O ciclo do carbono

O componente mais importante do ciclo do carbono é o dióxido de carbono gasoso (CO_2), e este composto e o papel que desempenha no ambiente é importante.

6.2.1 O registo atmosférico

O melhor lugar para começar o nosso exame é na atmosfera, onde o registo observacional é mais completo e as mudanças históricas são melhor documentadas. Houve um claro aumento do CO2 atmosférico e que se tratava de um fenómeno mundial. A taxa de aumento variou um pouco de ano para ano, geralmente entre 1 e 2 ppm ou cerca de 0,4% por ano. Os dados abrangem as técnicas analíticas fiáveis que têm estado a ser utilizadas. A fim de alargar o registo ao passado, recorre-se a medições obtidas utilizando técnicas mais grosseiras (pelos padrões modernos) na última parte do século XIX e na primeira metade do século XX. Uma forma mais fiável de estender o registo para trás tem sido através da extracção e análise de bolhas de ar presas em núcleos de gelo recolhidos das calotas polares. O princípio deste método é que as bolhas de ar aprisionadas registam a composição atmosférica no momento em que o gelo se formou. Ao datar as várias camadas nos núcleos a partir dos quais as bolhas de ar foram extraídas, a história temporal da composição da atmosfera pode ser estabelecida. Parece que em meados do século XVIII, antes de uma grande industrialização (e desenvolvimento agrícola)

tinha tido lugar, a atmosfera continha cerca de 280 ppm de CO2, e dados mais recentes dos núcleos de gelo indicam que o nível de 280 ppm se estende até pelo menos 900 AD. Desde cerca de 1850, a concentração de CO2 aumentou quase exponencialmente, devido à queima de combustíveis fósseis por seres humanos e ao desenvolvimento de terrenos para utilização agrícola. Em 2001, o nível era próximo de 371 ppm, indicando um aumento de quase 33% em relação à concentração pré-industrial. O exame detalhado dos dados do Mauna Loa, onde as medições estão disponíveis numa base mensal, mostra um grande e regular padrão sazonal de mudança de concentração. Estazonalidades semelhantes encontram-se noutros locais, embora a amplitude da variação varie com a latitude e entre hemisférios; note-se a amplitude sazonal muito menor para o registo do Pólo Sul. Estes efeitos sazonais serão discutidos mais aprofundadamente em ligação com a ciclagem biológica do CO2. Embora a tendência das concentrações atmosféricas de CO2 seja claramente ascendente, o aumento é apenas cerca de metade do que seria de esperar se todo o CO2 proveniente da queima de combustíveis fósseis desde 1958 tivesse permanecido na atmosfera. Isto indica que a metade que não aparece no registo atmosférico deve ter sido ocupada por algum outro reservatório ambiental. Esta é uma dedução simplista, uma vez que pressupõe que os outros reservatórios não mudaram de dimensão e que não tiveram troca líquida com a atmosfera durante o período relevante. Apesar destas simplificações, o cálculo obriga-nos a examinar os outros reservatórios e sublinha assim a importância de ver o sistema como uma entidade, e não como compartimentos ambientais desconectados.

6.3 Fontes e lavatórios naturais e antropogénicos

Existem três fontes e sumidouros principais de CO2 atmosférico em ambientes próximos da superfície: a biosfera terrestre (incluindo as águas doces), os oceanos, e as emissões antropogénicas da queima de combustíveis fósseis e outras actividades industriais. No estado natural, a biosfera terrestre e os reservatórios oceânicos trocam CO2 com a atmosfera, numa transferência essencialmente equilibrada nos dois sentidos. Estes reservatórios são também reservatórios de CO2 antropogénico. As emissões vulcânicas não são aqui consideradas, uma vez que são consideradas quantitativamente sem importância em curtos períodos de tempo.

6.3.1 Biosfera terrestre

No seu estado primitivo, estima-se que as áreas terrestres da Terra troquem cerca de 120 GtC (gigatoneladas expressas em carbono; 1 Gt = 109 toneladas = 1015 gramas) por ano com a atmosfera. Este é um fluxo bidireccional equilibrado, com 120 GtC a deslocar-se da terra para o ar e a mesma quantidade a ir na direcção oposta todos os anos. No entanto, este é um valor médio anual e nas regiões temperadas e polares os fluxos são sazonalmente desiguais. Para tais áreas, na Primavera e no Verão, quando as plantas extraem activamente CO2 da atmosfera no processo de fotossíntese.

Quando os processos de respiração e decomposição das plantas continuam a dominar sobre a fotossíntese, o fluxo líquido é para o ar. Em média, durante todo o ciclo anual, não há fluxo líquido em qualquer direcção. Nos trópicos, onde há menos sazonalidade nos processos biológicos, os fluxos para cima e para baixo estão em equilíbrio aproximado ao longo de todo o ano. Contudo, é de notar que nos trópicos, como nas latitudes mais elevadas, os fluxos mostram uma variabilidade espacial considerável (irregularidade). A assimetria sazonal nos fluxos de CO_2 para cima e para baixo em latitudes médias e altas fornece a explicação para o ciclo sazonal do CO_2 atmosférico. Os valores decrescentes encontrados na Primavera e no Verão resultam da captação líquida de CO_2 pelo ar durante a fotossíntese e o membro ascendente deve-se à libertação líquida de CO_2 durante o resto do ano, quando a respiração e a decomposição são dominantes. A amplitude deste padrão sazonal varia com a latitude, estando pelo menos nos pólos (ver registo e equador de CO_2 devido à falta de actividade biológica e sazonalidade, respectivamente. Nas latitudes médias e sub-polares, a amplitude (pico a pico) é de 10-15 ppm, ou seja, consideravelmente maior do que o aumento médio anual (1-2 ppm). A amplitude tende a ser maior no hemisfério norte em comparação com o hemisfério sul devido à maior superfície terrestre no primeiro em comparação com o segundo. Com a captação e libertação de CO_2 durante a fotossíntese e a respiração/decomposição, há uma libertação e absorção concomitantes de oxigénio atmosférico. O registo de oxigénio é muito mais curto do que o do CO_2 devido às dificuldades analíticas muito consideráveis de medição das pequenas alterações percentuais de oxigénio em comparação com o CO_2, uma vez que o primeiro é cerca de 550 vezes mais abundante. A sazonalidade discutida acima para o CO_2 é observada para o oxigénio tanto no Cabo Grim na Tasmânia (hemisfério sul) como no Barrow no Alasca (hemisfério norte), mas com o sinal oposto (ou seja, quando o CO_2 atmosférico está a diminuir devido à absorção de plantas durante a fotossíntese, o oxigénio está a subir, e vice-versa). É também evidente que a sazonalidade do oxigénio atmosférico é deslocada por 6 meses entre os locais de medição de Barrow e Cape Grim, devido à sua localização nos hemisférios norte e sul, respectivamente. Da discussão acima referida, é evidente que, embora as actividades humanas na queima de combustíveis fósseis sejam o controlo primário do aumento anual do CO_2 atmosférico, são as trocas biologicamente induzidas que determinam o padrão sazonal observado. Assim, é evidente que a biota terrestre pode afectar fortemente os níveis de CO_2 atmosférico. Isto levanta a questão de saber se as actividades humanas, por exemplo através de alterações no uso do solo (por exemplo, limpeza de florestas virgens), ou através de fotossíntese melhorada resultante da concentração crescente de CO_2 atmosférico, podem ter produzido transferências líquidas significativas de carbono para a atmosfera, ou para fora dela. No que diz respeito às alterações no uso do solo, é evidente que quando áreas que anteriormente armazenavam grandes quantidades de carbono fixado em material vegetal, por exemplo florestas, são convertidas para uso urbano, industrial ou mesmo agrícola, uma grande percentagem do carbono fixado é libertada para a atmosfera como CO2 muito rapidamente. Nenhum dos novos usos do solo armazena carbono tão eficazmente como a floresta original. Mesmo a terra cultivada, que pode parecer um bom armazenador de carbono, contém aproximadamente 20 vezes menos carbono fixo por hectare do que uma típica floresta madura. Há muitas centenas de anos que os seres humanos convertem florestas virgens e outras áreas bem delimitadas em estados pobres em carbono. Este processo deve, portanto, ser uma fonte substancial de CO2 para a atmosfera, tanto no passado como hoje. No entanto, tem sido difícil quantificar a dimensão desta fonte. Têm sido feitas várias tentativas para avaliar como a sua magnitude variou ao longo do último século. Existem grandes discrepâncias entre os três resultados e parece que a primeira tentativa sobrestimou a fonte em comparação com os estudos mais recentes. A melhor estimativa do fluxo para a década de 1980 é de 1,7 GtC yr-1, com um intervalo de 0,6 a 2,5. O grande intervalo confirma a dificuldade considerável em tentar quantificar as emissões de CO2 devido a alterações no uso do solo. É possível que o aumento das concentrações atmosféricas de CO2 provenientes da queima de combustíveis fósseis e a alteração do uso do solo possam causar um maior crescimento das plantas. Esta é uma questão importante, uma vez que o crescimento das plantas poderia reduzir alguns dos efeitos das emissões de CO2 causadas pela limpeza do solo. Certamente, as culturas cultivadas em estufas sob regimes elevados de CO2 produzem rendimentos mais elevados. No entanto, a extrapolação de tais descobertas para o ambiente real é problemática. Embora o CO2 seja fundamental para o processo de fotossíntese, na maioria das situações de campo não se pensa que seja o factor limitador do crescimento das plantas, sendo mais importante a disponibilidade de água e nutrientes tais como azoto (N) e fósforo (P) (ver secção 5.5.1). No entanto, seria errado rejeitar o possível efeito da concentração de CO2 no crescimento das plantas, uma vez que pode haver situações em que os níveis mais elevados de CO2 relativos ao presente, e ainda mais no futuro, possam ser suficientes para aumentar o crescimento. Uma sugestão é que o CO2 elevado leva a uma utilização mais eficiente da água pelas plantas, que podem então crescer em áreas anteriormente demasiado secas para as sustentar. O tema do aumento da concentração de CO_2 que afecta o crescimento das plantas está actualmente a ser activamente investigado. Os estudos vão desde a utilização de plantas cultivadas em vasos em ambientes controlados (estufa), até estudos de campo em pequena escala, passando por ensaios de campo em grande escala, parte do esforço do IGBP (Secção 7.1). Nestas experiências em larga escala, áreas substanciais (500 m2) de culturas de campo são expostas a concentrações elevadas de CO_2 e/ou alterações noutras variáveis importantes para o crescimento e as respostas monitorizadas durante períodos curtos e longos de tempo, que podem atingir vários ciclos sazonais. Os resultados destes estudos FACE ("free-air CO_2 enrichment") são de considerável interesse uma vez que, ao contrário das tentativas menores e mais confinadas, permitem estudar os efeitos das alterações de CO_2 e de outras variáveis o mais próximo possível das condições ambientais reais. Na altura da redacção (2003), mais de 50 destas experiências já foram realizadas. Em resumo, os resultados indicam que o CO_2 duplicado pode levar a um aumento do rendimento vegetal (biomassa) em 1020%, mas que os factores que incluem alterações na temperatura, humidade do solo e estado dos nutrientes, bem como a biodiversidade das espécies vegetais, também podem afectar a biomassa de forma positiva e negativa. Uma vez que todos estes e outros factores são operativos no ambiente natural, a previsão do efeito líquido de tais mudanças é claramente difícil. Para além da possibilidade de uma maior absorção terrestre de CO_2 devido ao aumento dos níveis atmosféricos do gás, existem outras alterações que podem aumentar a quantidade de carbono armazenado na terra. Uma delas resulta do aumento da deposição na atmosfera de nutrientes vegetais, tais como azoto proveniente de fontes de combustão a alta temperatura (automóveis, centrais eléctricas), em que o gás nitrogénio do ar é convertido em óxidos de azoto.

Após processamento na atmosfera, o azoto é depositado no solo onde pode fertilizar e assim potencialmente melhorar o crescimento das plantas, e portanto o armazenamento de carbono. Um outro efeito é o de reflorestamento e recrescimento em áreas de terra previamente limpas para fins agrícolas e outros. Nenhum destes potenciais sumidouros melhorados ou novos de carbono no solo é de modo algum simples de quantificar. A melhor estimativa que temos é a da situação nos anos 80, quando a fertilização, seja por elevados níveis de CO2 ou nutrientes como óxidos de azoto, juntamente com reflorestação e recrescimento, foi avaliada em 1,9 GtC por ano, com uma gama muito grande de incerteza. Isto sublinha mais uma vez as grandes dificuldades em tentar estimar as mudanças na absorção e libertação de carbono pela biosfera terrestre resultantes directa ou indirectamente das acções humanas.

6.3.2 O oceano

T os oceanos também trocam grandes quantidades de CO_2 com a atmosfera todos os anos. No ambiente não poluído, os fluxos ar-mar e mar-ar são globalmente equilibrados, com cerca de 90 GtC movendo-se em ambas as direcções todos os anos. Estes fluxos para cima e para baixo são impulsionados por alterações na temperatura da água superficial dos oceanos, que alteram a sua capacidade de dissolver CO2, bem como pelo consumo e produção biológica do gás resultante dos processos de fotossíntese e respiração/decomposição em águas próximas da superfície. Todos estes processos podem variar, tanto sazonal como espacialmente, em graus significativos. Em geral, os oceanos tropicais são fontes líquidas de CO2 para a atmosfera, enquanto que em latitudes mais elevadas e particularmente polares, os oceanos são um afundamento líquido. Numa média global e ao longo do ciclo anual, os oceanos não poluídos estão em estado estável no que diz respeito à absorção/libertação de CO2. Isto não significa que, durante longos períodos de tempo, não se verifique qualquer alteração nestas taxas. De facto, pensa-se que o nível muito mais baixo de CO2 atmosférico que os registos do núcleo de gelo indicam existir no passado (até 200 ppm durante as glaciações mais recentes era devido, pelo menos em parte, ao aumento da absorção de CO2 pelos oceanos nas águas mais frias que existiam na altura, em comparação com o presente. A discussão acima referida refere-se ao sistema oceânico/atmosfera no seu estado primitivo. Sabemos, contudo, que a queima de combustíveis fósseis e outras alterações induzidas pelo homem levaram a uma entrada adicional substancial de CO2 na atmosfera. Quanto deste CO2 adicional entra nos oceanos? Vários factores devem ser tidos em conta. Em primeiro lugar, existe a própria química da água do mar. Em comparação com a água destilada ou mesmo uma solução de cloreto de sódio (NaCl) de força iónica equivalente à dos oceanos, a água do mar tem uma capacidade significativamente maior para absorver o excesso de CO2. Isto resulta da existência na água do mar de alcalinidade sob a forma de iões carbonatados (CO3 2-), que podem reagir com moléculas de CO2 para formar iões de bicarbonato (HCO3). A discussão acima assume que o equilíbrio é alcançado entre a água do mar e o ar no que diz respeito ao CO2. Isto leva ao segundo factor que deve ser tido em conta, uma vez que o lento tempo de mistura dos oceanos significa que são necessários centenas, se não milhares, de anos para que o equilíbrio seja alcançado ao longo de toda a profundidade. Em geral, não é a transferência através da superfície do mar, que é o limite da taxa de absorção o f CO2, mas a mistura da água de superfície até às profundidades do oceano (profundidade média 3,8 km, profundidade máxima 10,9 km). Esta mistura é muito dificultada pela existência na maioria das bacias oceânicas de uma estrutura estável de duas camadas de densidade na água. A uma profundidade de algumas centenas de metros existe uma região de rápida diminuição de temperatura, a principal termoclina. Isto resulta numa maior estabilidade da coluna de água, c que inibe a mistura por cima ou por baixo. É apenas em algumas regiões polares, particularmente em torno da Antárctida e nos mares da Gronelândia e da Noruega, no Atlântico Norte, onde a acima referida. Como ilustração de como os processos biológicos marinhos podem afectar a capacidade dos oceanos de absorver CO2, discutimos agora brevemente os resultados de algumas experiências de campo recentes sobre o papel do ferro no controlo da fotossíntese no mar. Durante muitos anos, especulou-se que em algumas grandes áreas oceânicas a disponibilidade de ferro era o factor limitador do crescimento do fitoplâncton. Contudo, foi apenas recentemente que vários testes directos desta ideia foram realizados adicionando ferro (sob a forma de sulfato ferroso) a uma pequena área (cerca de 100 km2) de oceano e observando quaisquer efeitos resultantes ao longo de períodos de dias. O que foi descoberto foi que a adição de apenas uma quantidade muito pequena de ferro levou a um aumento dramático do crescimento do plâncton bsence da termoclina permite a mistura directa, e portanto rápida, da superfície com águas mais profundas.

6.3.3 Combustível fóssil

É bastante fácil quantificar a quantidade de CO2 resultante da queima de combustíveis fósseis e outras actividades industriais, tais como o fabrico de cimento (como parte deste processo, o carbonato de cálcio (CaCO3) é aquecido a uma temperatura elevada e decompõe-se, produzindo CO2). Esta fonte é mais fácil de estimar do que as discutidas anteriormente, porque não existe um componente natural. Por exemplo, para cada unidade de energia produzida, o carvão forma 25% mais CO2 do que o petróleo e 70% mais do que o gás natural. Isto ocorre porque, na combustão do gás e do petróleo, uma parte importante da energia provém da conversão dos átomos de hidrogénio (H) no combustível em água (cerca de 60% no caso do gás), em vez da conversão do carbono em CO2, que fornece 80% da energia quando o carvão é queimado.

6.4 Orçamento global da natureza

Agora sintetizamos muito do conhecimento delineado nas secções anteriores sobre o orçamento global de CO2. Em primeiro lugar, são consideradas as dimensões relativas dos reservatórios naturais e depois os fluxos naturais entre eles, seguidos da forma como as divisórias antropogénicas de CO2 entre as caixas. Finalmente, os prováveis níveis futuros de CO2 atmosférico são discutidos em termos de possíveis cenários de consumo de combustíveis fósseis. Dimensões dos reservatórios. De longe, o maior reservatório encontra-se em sedimentos marinhos e materiais sedimentares em terra (20 000 000 GtC), principalmente sob a forma de CaCO3. Contudo, a maior parte deste material não está em contacto com a atmosfera e percorre os ciclos através da terra sólida em escalas de tempo geológicas. Por conseguinte, desempenha apenas um papel menor no ciclo de curto prazo do carbono aqui considerado. O próximo maior reservatório é de água do mar (cerca de 39 000 GtC), onde o carbono está principalmente na forma dissolvida como HCO3 - e CO3. No entanto, as partes mais profundas dos oceanos, que contêm a maior parte do carbono (38 100 GtC), não interagem com a atmosfera rapidamente, O reservatório de carbono em combustíveis fósseis e rochas de lama é também substancial e pensa-se que uma grande parte deste último é recuperável e, portanto, disponível para combustão. Os reservatórios mais pequenos são a biosfera terrestre (2000 GtC) e a atmosfera (749 GtC, equivalente a uma concentração atmosférica de cerca de 354 ppm). É a pequena dimensão desta última que a torna sensível mesmo a pequenas alterações percentuais nos outros reservatórios maiores.

6.4.1 Fluxos naturais

Assume-se muitas vezes que os fluxos naturais entre os principais reservatórios são equilibrados nos dois sentidos, quando se calcula a média ao longo de todo o ano e a superfície total do reservatório. Por exemplo, a biosfera terrestre e os oceanos trocam aproximadamente 120 e 90 GtC yr-1 respectivamente em ambas as direcções com a atmosfera. Existe, contudo, alguma incerteza sobre esta suposição ao longo de períodos de anos e é certamente errada em períodos de tempo mais longos. As provas de desequilíbrio a curto prazo provêm de uma inspecção cuidadosa do registo atmosférico. No final do registo (no início dos anos 90), a taxa de aumento do CO2 atmosférico é significativamente menor do que nos anos anteriores. A explicação para esta diminuição da taxa de variação é muito pouco provável que sejam alterações nas entradas antropogénicas na atmosfera, uma vez que não há provas de que a queima de combustíveis fósseis ou a desobstrução do solo tenham sofrido alterações apreciáveis em comparação com anos anteriores. A causa desta diminuição da taxa de mudança parece ser pequenas alterações nos fluxos naturais entre a atmosfera e as superfícies terrestres e os oceanos. Os grandes fluxos bidireccionais entre estes últimos reservatórios e a atmosfera significam que apenas um pequeno desequilíbrio entre os fluxos para cima e para baixo é suficiente para levar a uma mudança observável na concentração atmosférica de CO2. Uma inspecção mais atenta dos registos mais detalhados do núcleo de gelo indica que a alteração no CO2 não é aparentemente o iniciador da alteração da temperatura, que provavelmente resulta de alterações na órbita da Terra e/ou alterações na quantidade de energia proveniente do Sol. No entanto, as alterações orbitais ou de insolação não podem explicar a magnitude das alterações de temperatura registadas nos núcleos de gelo, sugerindo que as variações de CO2 actuam para amplificar as perturbações orbitais e solares.

6.4.2 Fluxos antropogénicos

O principal fluxo induzido pelo homem para a atmosfera é o da queima de combustíveis fósseis, produção de cimento, etc., para os anos 80 o seu valor médio foi de 5,4 GtC yr-1. Desta entrada, uma quantidade equivalente a 3,3 GtC yr-1 permanece na atmosfera e leva ao aumento observado ano após ano nas concentrações de CO2. A alteração no uso do solo resultante de actividades humanas leva a uma adição à atmosfera de 1,7 GtC yr-1. Por outro lado, estima-se que a fertilização do crescimento das plantas terrestres, reflorestação e recrescimento ocupem 1,9 GtC yr-1, dando um pequeno sumidouro líquido de terra de 0,2 GtC annum-1.

6.5 Níveis de dióxido de carbono atmosférico no futuro

Tendo em conta as propriedades de "estufa" do CO2 e o facto de as concentrações atmosféricas do gás terem aumentado substancialmente como resultado das actividades humanas, está actualmente a ser dedicado um esforço considerável à tarefa de prever quais serão os níveis de CO2 na atmosfera durante o próximo século. Neste capítulo, identificámos os problemas que existem na contabilização quantitativa do CO2 que entra na atmosfera a partir de combustíveis fósseis e outras actividades humanas na actualidade. Assim, para qualquer cenário de futuras emissões antropogénicas de CO2, existe pelo menos uma incerteza tão grande sobre qual a proporção que permanecerá na atmosfera como existe para as emissões actuais. Com toda a probabilidade, a incerteza é ainda maior, uma vez que as alterações climáticas e outras alterações globais, sejam elas induzidas pelo homem ou naturais, são susceptíveis de alterar as taxas a que os vários reservatórios ambientais absorvem e libertam CO2. Estimar a quantidade de CO2 que será emitida pelas actividades humanas nos próximos 100 anos é provavelmente ainda menos certo do que calcular a forma como se irá dividir entre o ar, o oceano e a terra. Embora os factores que determinam as quantidades de emissões antropogénicas possam ser identificados, a sua quantificação só pode ser adivinhada. A dimensão da população humana é um factor muito importante. Sabemos que está a aumentar e quase de certeza que vai continuar a fazê-lo. Da mesma forma, o nível de vida de muitas pessoas de países menos desenvolvidos está a aumentar e isto levará a uma maior utilização de energia nessas partes do mundo. A forma como esta energia é gerada terá uma influência profunda sobre a quantidade de CO2 emitida. O futuro das emissões de CO2 é crucial para as decisões políticas. Por exemplo, será necessário refrear a futura combustão de combustíveis fósseis e, em caso afirmativo, quando e por quanto, a fim de evitar ou pelo menos melhorar a alteração indesejável do clima global.

6.6 Efeitos dos níveis elevados de dióxido de carbono

A ciclagem global do carbono sem prestar atenção ao papel que o CO_2 desempenha no clima da Terra. Embora o CO_2 seja uma componente menor da atmosfera, desempenha um papel vital no equilíbrio da radiação da Terra e, consequentemente, no controlo do clima. A atmosfera é consideravelmente mais quente (temperatura média de cerca de 15°C) do que a temperatura de emissão efectiva. O efeito combinado da transparência da atmosfera para a maior parte da radiação solar recebida, e a absorção de grande parte da radiação emitida pela Terra pelas moléculas de água e CO_2 na atmosfera, é muitas vezes referido como o "efeito estufa" por analogia ao papel desempenhado pelo vidro de uma estufa de jardim. Da discussão acima referida, é fácil perceber porque é que concentrações elevadas de CO_2 na atmosfera resultantes da queima de combustíveis fósseis são susceptíveis de conduzir a um clima mais quente. Embora a banda de absorção de CO_2 se alargue à medida que as concentrações de CO_2 aumentam, um efeito importante é que mais da absorção ocorra menos na atmosfera com menos em altitudes mais elevadas. O resultado é que as camadas mais baixas aquecem, enquanto que as mais altas lá em cima arrefecem. Modelos matemáticos altamente sofisticados são utilizados para prever os detalhes das mudanças de temperatura que se esperam do aumento dos níveis de CO_2 atmosférico. Embora o CO_2 seja o mais importante dos gases antropogénicos com efeito de estufa, não é o único com significado. Um pouco mais de metade do efeito deve-se ao CO_2, mas outros gases, incluindo metano (CH_4), óxido nitroso (N_2O) e clorofluorocarbonos (CFC) também contribuíram substancialmente para o efeito total. No caso destes outros gases, embora as quantidades absolutas que entraram na atmosfera fossem pequenas em comparação com o CO_2, as suas contribuições para o efeito de estufa foram proporcionalmente grandes devido à sua absorção de energia em partes do espectro de emissões da Terra que não estão saturadas. Para ilustrar isto, devemos notar que, numa molécula para molécula, o metano é cerca de 21 vezes mais eficaz na absorção de energia do que o CO_2, e o CFC-11 é 12 000 vezes mais eficaz.

6.7 Ciclo do enxofre

O ciclo global do enxofre e os efeitos antropogénicos. Passamos agora ao ciclo do elemento enxofre, delineando a natureza do ciclo antes de qualquer alteração importante pela actividade humana industrial e urbana e examinando o impacto destas actividades, de uma forma muito importante, no ciclo contemporâneo do enxofre.

A comparação do ciclo global do enxofre como se pensa ter sido antes de qualquer influência antropogénica importante com o ciclo, tal como foi em meados da década de 1980, revela algumas mudanças aparentes interessantes nas dimensões de alguns fluxos inter-reservatórios. Existem também, contudo, alguns fluxos para os quais existem poucas ou nenhumas provas de mudança, e estes são discutidos primeiro. Não há provas de que as emissões vulcânicas de enxofre (principalmente como dióxido de enxofre, SO2) tenham mudado significativamente durante os últimos 150 anos, quer para os vulcões terrestres quer para os marinhos. Do mesmo modo, não há provas de alterações significativas nos fluxos mar-ar, quer de sulfato marinho-sal (proveniente da pulverização marinha resultante da quebra das ondas e da explosão da bolha à superfície do mar), quer de enxofre volátil, ou de emissões de gases de enxofre da biosfera terrestre. É importante notar que estes fluxos gasosos são componentes principais na ciclagem do enxofre. O orçamento geoquímico do elemento não pode ser equilibrado sem eles e o total das emissões de fontes marinhas e terrestres é cerca de 70% da quantidade de enxofre colocada na atmosfera pela queima de combustíveis fósseis. O principal componente das emissões marítimas de enxofre volátil é um gás chamado dimetil sulfureto (DMS), produzido por fitoplâncton e algas marinhas que vivem nas águas próximas da superfície dos oceanos. Estas algas marinhas também produzem quantidades menores de sulfureto de carbonilo (OCS), sulfureto de carbono (CS2) e possivelmente algum sulfureto de hidrogénio (H2S).

6.7.1 Partes do ciclo do enxofre

As partes do ciclo do enxofre que se pensa terem mudado significativamente como resultado de actividades humanas incluem o seguinte:

- **emissão aeroliana**

Pensa-se que as emissões eólicas de partículas de poeira do solo contendo enxofre tenham aumentado num factor de cerca de dois, de 10 para 20 Tg de enxofre yr-

1 . Isto resulta em grande parte de mudanças induzidas pelo homem na agricultura e na prática agrícola, particularmente através da pastagem, lavoura e irrigação.

• emissão em pilhas de estações de energia

O impacto mais significativo no sistema tem sido, de longe, a entrada de enxofre (em grande parte como SO_2) directamente para a atmosfera, devido à queima de combustíveis fósseis, fundição de metais e outras actividades industriais/urbanas. Tais emissões aumentaram aproximadamente 20 vezes ao longo dos últimos 120 anos. Não é certo que esta tendência ascendente se mantenha indefinidamente, uma vez que existem movimentos em curso nas nações industriais mais avançadas para restringir as emissões através, por exemplo, da queima de combustíveis sulfurosos e da remoção de SO_2 dos gases da chaminé das estações de energia. Pelo contrário, as emissões de enxofre das nações em desenvolvimento do mundo irão provavelmente aumentar no futuro à medida que se tornarem mais industrializadas, mas sem os recursos para minimizar o enxofre emitido para a atmosfera. Devido à grande magnitude das emissões de enxofre dos combustíveis fósseis em relação a outros fluxos no ciclo natural do enxofre, esta entrada tem impactos substanciais noutras partes do ciclo.

• deposição de fluxo de enxofre

O fluxo de deposição de enxofre da atmosfera para os oceanos e superfícies terrestres aumentou aproximadamente 25 e 163%, respectivamente. Embora esta entrada não tenha essencialmente qualquer impacto na química da água do mar, devido à sua capacidade tampão e à grande quantidade de sulfato (SO_4 2-) que contém.

• efeitos atmosféricos e de escoamento superficial)

A quantidade de enxofre que entra nos oceanos no escoamento dos rios provavelmente mais do que duplicou devido a actividades humanas. Isto tem sido causado em parte por águas residuais ricas em enxofre e fertilizantes agrícolas que entram nas águas fluviais e subterrâneas e daí no mar, embora outro factor importante seja o enxofre depositado directamente da atmosfera nas águas superficiais. Os efeitos combinados (atmosféricos e de escoamento) do aumento da entrada de enxofre na água do mar causam um aumento do enxofre (como SO_4

2- nos oceanos) de apenas cerca de 10-5 % por ano. Esta estimativa é provavelmente um limite superior, uma vez que pressupõe que a remoção do enxofre da água do mar nos sedimentos oceânicos permanece como anteriormente e não aumentou após o aumento das entradas da atmosfera e dos rios.

- **Fluxo de enxofre**

O equilíbrio dos fluxos de enxofre entre a atmosfera continental e a marinha. No ciclo não perturbado é um pequeno fluxo líquido de enxofre da atmosfera continental para a atmosfera marinha (10 Tg de enxofre yr-1). Actualmente, este equilíbrio é substancialmente alterado, com um fluxo líquido de enxofre no ar a fluir para o mar cerca de seis vezes maior (61 Tg de enxofre yr-1) em comparação com a situação não perturbada. As comparações acima referidas mostram claramente que as actividades humanas alteraram substancialmente o ciclo do enxofre entre a atmosfera, o oceano e a superfície terrestre.

6.7.2 Acidez atmosférica

Se o CO2 fosse o único gás atmosférico a controlar a acidez da chuva, então o pH da água da chuva estaria próximo de 5,6. No entanto, a maioria das medições de pH da água da chuva cai abaixo deste valor, indicando outras fontes de acidez. Grande parte desta acidez "extra" resulta do ciclo do enxofre. Apenas duas vias principais dão origem à acidez de enxofre. Uma é a queima de combustíveis fósseis para produzir o gás ácido SO2. A outra é a produção do gás DMS por organismos marinhos, que depois degrada para a atmosfera através da interface ar-mar. Uma vez na atmosfera, o DMS é oxidado por poderosos oxidantes, chamados radicais livres. Os dois radicais livres importantes para a oxidação do DMS são o hidroxilo (OH) e o nitrato (NO3). Os produtos desta oxidação são vários, mas os dois mais importantes são SO2 e ácido metanossulfónico (MSA ou CH3SO3H). O SO2 formado desta forma é quimicamente indistinguível do proveniente da queima de combustíveis fósseis.

Por exemplo, a chuva e as gotas de nuvens contêm outras substâncias dissolvidas importantes para o controlo do pH para além do H2SO4 - por exemplo, ácido nítrico (HNO3) proveniente de óxidos de azoto (óxido nítrico (NO) e dióxido de azoto (NO2)) provenientes de fontes de combustão . Outra destas substâncias, o amónio (NH4 +, produzido por dissolução do amoníaco (NH3) na água), é alcalino e por isso pode neutralizar parcialmente a acidez resultante do sistema de enxofre. O NH3 é emitido por reacções microbiológicas do solo, particularmente em áreas de agricultura intensiva, e, de acordo com uma sugestão recente, algumas podem vir dos oceanos.

6.7.3 Ciclo e clima do enxofre

Analisamos o seu papel no controlo do clima. Em primeiro lugar, devemos notar que as partículas de SO_4^{2-} , sejam elas de oxidação de DMS ou de SO2 antropogénico, não são a única fonte de aerossóis atmosféricos. Outras fontes incluem poeiras sopradas pelo vento dos solos, fumo da combustão de biomassa e processos industriais, e partículas de sal marinho produzidas por bolhas que rebentam à superfície do mar. No entanto, a maioria dos estudos até à data tem sido sobre aerossóis SO_4^{2-} e, por esta razão e também porque parecem mais importantes num contexto global do que outros tipos, concentrar-nos-emos neles aqui. O papel dos aerossóis no clima pode ser dividido em dois tipos: directo e indirecto.

- Efeito directo

No efeito directo, as partículas absorvem e dispersam a energia que vem do sol de volta ao espaço. Isto tende a arrefecer a atmosfera, uma vez que a radiação solar, que, na ausência dos aerossóis, aqueceria o ar, é agora parcialmente absorvida pelas partículas ou reflectida para cima para fora da atmosfera.

É difícil estimar a dimensão do efeito, uma vez que depende não só da carga de massa total do aerossol na atmosfera, mas também da composição química e da distribuição de tamanho das partículas.

- Efeitos indirectos

O efeito indirecto dos aerossóis sobre o clima resulta do facto de as partículas actuarem como núcleos sobre os quais se formam as gotículas de nuvens. Em regiões distantes da terra, a densidade numérica de partículas SO_4^{2-} é um determinante importante da extensão e do tipo de nuvens. Pelo contrário, sobre a terra existem geralmente muitas partículas para a formação de nuvens a partir de pó de solo soprado pelo vento e outras fontes. Uma vez que as nuvens reflectem a radiação solar de volta ao espaço, a ligação potencial ao clima é clara. É provável que o efeito seja mais sensível nos oceanos longe da terra e em regiões cobertas de neve como a Antárctida, onde as fontes terrestres de partículas têm menos efeito. Nessas áreas, uma fonte importante de aerossóis é a rota DMS para partículas SO4 .$^{2-}$

6.8 Poluentes orgânicos persistentes

Finalmente, recorremos aos poluentes orgânicos como exemplos de produtos químicos exóticos (ou seja, os introduzidos pelo fabrico humano) com impacto sobre o ambiente global. Os poluentes orgânicos são considerados persistentes quando têm uma meia-vida (ou seja, o tempo necessário para a sua concentração diminuir em 50%) de anos a décadas num solo ou sedimento e de vários dias na atmosfera. Os poluentes orgânicos persistem no ambiente se forem de baixa solubilidade, baixa volatilidade ou resistentes à degradação . Compostos aromáticos estáveis, e compostos altamente clorados, por exemplo bifenilos policlorados (PCBs), dibenzo-p-dioxinas policloradas e furanos (PCDD/Fs), 2,2-bis-(p- clorofenil)- 1,1,1-tricloroetano (DDT) e hexaclorociclohexano (HCH) são bons exemplos. Os efeitos deletérios destas moléculas na saúde humana e de outros animais estão amplamente documentados sendo potencialmente cancerígenos (PCBs, PCDD/Fs, DDT, HCHs), mutagénicos (PCDD/Fs) e capazes de perturbar os sistemas imunitário, nervoso e reprodutivo.

6.8.1 Mobilidade persistente de poluentes orgânicos

Muitos poluentes orgânicos persistentes (POPs) são compostos orgânicos semivoláteis (SVOCs) com pressões de vapor entre 10 e 10-7Pa. A estas pressões de vapor os SVOC podem evaporar (volatilizar-se) do solo, água ou vegetação para a atmosfera. No entanto, como a pressão de vapor é dependente da temperatura. Os SVOCs podem ser transportados a grandes distâncias do seu local de fabrico e utilizados em zonas industriais temperadas para regiões polares remotas. As baixas temperaturas em ambientes polares promovem a condensação dos SVOCs, prendendo-os na superfície fria da terra e na sua vegetação. O processo global tem sido comparado a um "sistema de destilação" global.

6.9 Balanço global de poluentes orgânicos persistentes

O fabrico e utilização de muitos compostos orgânicos exóticos foi agora descontinuado devido à sua persistência, potenciais efeitos para a saúde e mobilidade global. Por exemplo, os PCB foram inicialmente fabricados e utilizados na década de 1930 e a sua utilização aumentou até ao início da década de 1970. Posteriormente, o uso de PCB foi proibido em muitos casos ou sujeito a restrições. No entanto, os PCB não desapareceram imediatamente do ambiente. Ainda hoje, os PCB estão presentes em todos os reservatórios ambientais da Terra e são distribuídos globalmente. O que mudou, após a interrupção da utilização generalizada de PCB, foi o equilíbrio entre as concentrações de PCB no ar, água e solo. Nos anos 70, quando as concentrações de PCB estavam no seu pico, os PCB na atmosfera encontravam-se em concentrações muito mais elevadas do que actualmente. Estas elevadas concentrações atmosféricas causaram um fluxo líquido de PCB da atmosfera para as águas superficiais e os solos da Terra para estabelecer o equilíbrio entre estes reservatórios. Hoje em dia, as concentrações de PCB na atmosfera são muito mais baixas. Isto tem perturbado o equilíbrio entre os solos e a água e o ar sobrejacente, de tal forma que o fluxo líquido de PCB está agora fora do solo e da água para a atmosfera para restabelecer o equilíbrio.

GLOSSÁRIO

Contaminante: substância ou agente presente no solo como resultado da actividade humana

Lixiviação: a dissolução e o movimento de substâncias dissolvidas pela água .

Material dos pais: O material original (mineral e/ou orgânico) a partir do qual o solo

desenvolvido por processos pedogénicos.

Poluente orgânico persistente (POP): Compostos à base de carbono sintetizados a partir de agroquímicos e produtos industriais que geralmente se biodegradam muito mal e a maioria dos quais se bioacumulam nos tecidos dos organismos. Alguns pesticidas são POP, assim como as dibenzodioxinas policloradas (PCDD), os dibenzofuranos policlorados (PCDF), os bifenilos policlorados (PCB), e os hidrocarbonetos aromáticos policíclicos (PAH).

Solo: a camada superior da crosta terrestre transformada pela intempérie e por processos físicos/químicos e biológicos. É composto por partículas minerais, matéria orgânica, água, ar e organismos vivos organizados em horizontes genéticos do solo.

Funções do ecossistema do solo: descrição do significado dos solos para os seres humanos e para o ambiente. Exemplos disso são: (1) controlo dos ciclos de substâncias e energia nos ecossistemas; (2) base para a vida das plantas, animais e homem; (3) base para a estabilidade dos edifícios e estradas; (4) base para a agricultura e silvicultura; (5) portador de reservatório genético; (6) documento de história natural; e (7) documento arqueológico e paleo-ecológico .

Saúde do solo: a capacidade contínua do solo para funcionar como um sistema vivo vital, dentro dos limites do ecossistema e do uso do solo, para manter a produtividade biológica, promover a qualidade do ar e dos ambientes aquáticos e manter a saúde vegetal, animal e humana .

Serviços do ecossistema do solo: a capacidade dos processos e componentes naturais para fornecer bens e serviços que satisfaçam as necessidades humanas, directa ou indirectamente.

Segurança alimentar: é definida como a disponibilidade, acesso, utilização e estabilidade do abastecimento alimentar.

Contaminação do solo: ocorre quando a concentração de um produto químico ou substância é superior à que occrreria naturalmente mas não está necessariamente a causar danos (este volume).

Poluição do solo: refere-se à presença de um produto químico ou substância fora do lugar e/ou presente numa concentração superior à normal que tem efeitos adversos em qualquer organismo não visado (este volume).

SECÇÃO DE RESPOSTAS A PERGUNTAS

O que é o tratamento de esgotos?

O tratamento de águas residuais ou de esgotos refere-se geralmente ao processo de limpeza ou remoção de todos os poluentes, tratando as águas residuais e tornando-as seguras e adequadas para beber antes de as libertar no ambiente.

Quais são as principais etapas no tratamento de esgotos?

Existem quatro fases principais do processo de tratamento de águas residuais, nomeadamente

- Etapa1 :   Rastreio

- Etapa2 :   Tratamento primário

- Etapa3 :   Tratamento secundário

- Etapa4 :   Tratamento final

Quais são as principais causas da poluição da água?

As principais causas da poluição da água são atribuídas a

- Actividades industriais

- Urbanização

- Práticas religiosas e sociais

- Escoamento agrícola

- Acidentes (tais como derrames de petróleo, precipitações nucleares, etc.)

Quais são os efeitos da poluição da água?

A poluição da água pode ter consequências desastrosas para o ecossistema. Além disso, os produtos químicos tóxicos podem viajar através da cadeia alimentar e entrar no nosso corpo, causando doenças e morte.

Quais são as principais causas da poluição do solo?

Algumas causas comuns da poluição do solo estão listadas abaixo,

Eliminação inadequada de resíduos industriais: acredita-se que as indústrias são uma das principais causas da poluição do solo devido a uma gestão e eliminação inadequadas dos resíduos tóxicos gerados durante as actividades industriais. Utilização excessiva e ineficiente de pesticidas e fertilizantes: a indústria agrícola utiliza extensivamente fertilizantes químicos e pesticidas para o crescimento e manutenção das culturas. Contudo, a utilização excessiva e ineficiente destes produtos químicos tóxicos pode contaminar seriamente o solo. Derrames de petróleo ou gasóleo: fugas nas condutas de transporte de combustível podem causar derrames de combustível. Estes combustíveis são conhecidos por conterem hidrocarbonetos tóxicos que podem causar contaminação do solo.

Quais são os efeitos da poluição do solo na saúde humana?

Os contaminantes encontrados em solo poluído podem entrar nos corpos humanos através de vários canais como o nariz, a boca ou a pele. A exposição a tais solos pode causar uma variedade de problemas de saúde a curto prazo, tais como dores de cabeça, tosse, dores no peito, náuseas, e irritação da pele/olhos. A exposição prolongada a solo contaminado pode levar à depressão do sistema nervoso central e a danos em órgãos vitais (como o fígado). A exposição prolongada a solos poluídos também tem estado ligada ao cancro nos seres humanos.

Qual é a principal causa da poluição atmosférica?

A principal causa da poluição atmosférica é a queima de combustíveis fósseis. Gases nocivos como dióxido de enxofre, monóxido de carbono, etc., são libertados na atmosfera devido à combustão incompleta de combustíveis fósseis que poluem o ar.

Como é que a poluição atmosférica causa o aquecimento global?

Na poluição atmosférica, a libertação de gases com efeito de estufa altera a composição gasosa da atmosfera e provoca um aumento da temperatura da terra. Este aumento da temperatura da terra é conhecido como aquecimento global.

O que é a chuva ácida? Nomear os gases responsáveis pela chuva ácida.

A chuva ácida é a precipitação de ácido sob a forma de chuva. Os gases nocivos como os óxidos de azoto e os óxidos de enxofre são libertados para a atmosfera através da queima de combustíveis fósseis. Estes poluentes reagem com a água da chuva e caem sob a forma de chuva ácida.

A desflorestação é uma das principais razões da poluição atmosférica. Explicar.

A desflorestação pode ser definida como a remoção em grande escala de árvores de florestas ou outras terras. As plantas utilizam dióxido de carbono (CO_2) da atmosfera para o processo de fotossíntese, o que provoca uma diminuição da quantidade de CO_2 na atmosfera. À medida que o número de árvores diminui devido à desflorestação, a quantidade de CO_2 na atmosfera aumenta, causando poluição atmosférica.

Enumerar alguns exemplos de contaminantes que poluem os solos?

Alguns poluentes do solo são comuns:

Chumbo	Arsénico	Níquel
Mercúrio	Cobre	Zinco
Hidrocarbonetos policíclicos aromáticos		

P.Como pode ser evitada a poluição do solo?

Muitas mudanças cruciais devem ser introduzidas a fim de controlar a contaminação e a poluição do solo sem fazer enormes concessões à economia. Por exemplo, a utilização de substâncias tóxicas em actividades industriais pode ser evitada sempre que existam alternativas adequadas. Além disso, a reciclagem de produtos residuais também contribuirá para uma redução da contaminação do solo devido aos aterros. A promoção de práticas agrícolas saudáveis, tais como a utilização de estrume orgânico e métodos de agricultura orgânica, pode ajudar a reduzir o número de fertilizantes químicos utilizados nos solos agrícolas. A utilização eficiente e limitada de pesticidas químicos também deve ser defendida.

P.Quais são os processos de remediação ambiental que podem ser utilizados para refrear os efeitos negativos da poluição do solo?

O solo contaminado pode ser escavado e transportado para um local de eliminação à distância.

A remediação térmica do solo contaminado, envolve o aquecimento do solo a fim de vaporizar os poluentes tóxicos voláteis. Descontaminação do solo através de lixiviação surfactante.

Q . O dinitrogénio e o oxigénio são os principais constituintes do ar, mas estes não reagem uns com os outros para formar óxidos de azoto porque ?

a) a reacção é endotérmica e requer uma temperatura muito elevada.(R)

b) a reacção só pode ser iniciada na presença de um catalisador.

c) Os óxidos de azoto são instáveis.

d) N2 e O2 não são reactivos.

Explicação: O dinitrogénio e o dio-oxigénio são os principais constituintes do ar, mas não reagem um com o outro para formar óxidos de azoto porque a reacção do dinitrogénio e do dio-oxigénio é endotérmica e requer uma temperatura muito elevada, que o ar não fornece.

Q . Qual dos seguintes aspectos não é uma consequência do efeito de estufa?

a) As condições climatéricas serão alteradas

b) Plantas em climas mais quentes com precipitação adequada cresceriam mais rapidamente

c) A incidência de doenças infecciosas é susceptível de aumentar

d) A malária será controlada uma vez que os mosquitos não sobreviverão.(R)

Explicação: A população de mosquitos irá crescer, e a malária irá alastrar.

Q . Identificar a afirmação errada no seguinte:

a) Os clorofluorocarbonos são responsáveis pelo empobrecimento da camada de ozono.

b) O efeito estufa é responsável pelo aquecimento global.

c)   A chuva ácida deve-se principalmente aos óxidos de azoto e enxofre.

d)   A camada de ozono não permite que a radiação infravermelha do sol chegue à terra.(R)

Explicação: A camada de ozono funciona como um escudo, impedindo que a radiação ultravioleta do sol chegue à terra. Não impede a radiação infravermelha do sol de alcançar a Terra.

P 4: O que é o DDT entre os seguintes?

a)   Gás com efeito de estufa

b)   Poluente não-biodegradável(R)

c)   Poluente biodegradável

d)   Um fertilizante

Explicação: O DDT é um poluente orgânico persistente que é facilmente absorvido pelos solos e sedimentos, que pode servir tanto como sumidouros como fontes de exposição a longo prazo dos organismos.

Q . A eutrofização provoca uma redução em

a)   Oxigénio Dissolvido

b)   Nutrientes(R)

c)   Sais Dissolvidos

d)   Todos estes

Explicação: A eutrofização reduz significativamente a quantidade de oxigénio dissolvido nos corpos de água. Isto ocorre principalmente quando um corpo de água fica excessivamente enriquecido com nutrientes como resultado do crescimento excessivo de algas ou plâncton. É uma grave preocupação porque a eutrofização torna o corpo de água incapaz de suportar a vida.

P .Porque é que o smog fotoquímico tem tanto nome?

O nome smog fotoquímico é assim chamado porque é formado como resultado de uma reacção fotoquímica entre óxidos de azoto e hidrocarbonetos.

P.Que quer dizer exactamente com "temperatura de inversão" em diferentes partes da atmosfera?

Quando passamos de uma região da atmosfera para a região adjacente seguinte, a tendência da temperatura muda de aumento para diminuição ou vice-versa. Isto é referido como temperatura de inversão.

Q . Qual é o sumidouro mais significativo de CO poluente?

Os microrganismos do solo são o mais significativo sumidouro de CO poluente.

Q . O que é a etiologia da síndrome do bebé azul?

O excesso de nitratos na água potável causa metemoglobinemia, também conhecida como "síndrome do bebé azul".

Q . Dê ao I.U.P.A.C. o nome de B.H.C.

O nome IUPAC de B.H.C. é 1, 2, 3, 4, 5, 6, Hexa-clorociclohexano.

Q . Porque é que o monóxido de carbono é considerado venenoso?

O monóxido de carbono liga-se à hemoglobina para formar a carboxil-hemoglobina, que é aproximadamente 300 vezes mais estável do que o complexo de oxigénio-hemoglobina. Quando a concentração de carboxil-hemoglobina no sangue é muito reduzida, esta falta de oxigénio causa dores de cabeça, visão turva, nervosismo, e problemas cardiovasculares.

Q . Quais são as reacções envolvidas no empobrecimento da camada de ozono na atmosfera?

Os raios UV reagem com o di-oxigénio para formar ozono. A produção e decomposição do ozono estão em equilíbrio dinâmico. A perturbação deste equilíbrio provoca o empobrecimento da camada de ozono. Os clorofluorocarbonos combinam-se com os gases atmosféricos e viajam para a estratosfera, onde os raios UV os decompõem para produzir radicais livres de cloro. Estes radicais livres de cloro reagem com o ozono para produzir oxigénio e radicais livres de ClO, que depois reagem com O atómico para gerar mais radicais livres de cloro. Como resultado, a camada de ozono é prejudicada pela decomposição contínua do ozono na estratosfera.

$O_2 \wedge O + O$

$O_2 + O \wedge O_3$ (g)

CF_2Cl_2 (g) $\wedge$ Cl^* (g) $+ CF_2Cl$

$Cl^* + O_3$ (g) $>$ $ClO^* + O_2$ (g) $+Cl$ (g)

ClO^* (g) $+ O$ (g) $>$ $Cl^* + O_2$ (g)

Q . Porque é que a água da chuva tem tipicamente um pH de cerca de 5,6? Quando é que se transforma em chuva ácida?

A água da chuva tem um pH de 5,6 devido à formação de iões H+ a partir da reacção da água da chuva com CO_2 na atmosfera.

$H_2O + CO_2 \wedge 2H+ + CO_3 2-$

Torna-se ácido quando o pH desce abaixo de 5,6. A chuva ácida também se forma como resultado da presença de óxidos de enxofre e azoto na atmosfera.

$2SO_2 + O_2 + 2H_2O \wedge 2H_2SO_4NO + O_2 + 2H_2O \wedge 4HNO_3$.

Q . Explicar como é que o efeito de estufa afecta o aquecimento global?

A maioria dos visible light do sol pode passar pela atmosfera da terra e alcançar a superfície da terra. Quando a superfície da terra é aquecida pela luz solar1, irradia alguma dessa energia de volta para o espaço como comprimentos de onda de IV mais longos. Parte do calor é retida na atmosfera por CH_2, CO_2, CFC, e vapor de água. Absorvem radiação infravermelha e bloqueiam uma porção significativa da radiação emitida pela Terra. As radiações absorvidas são parcialmente remetidas para a superfície da Terra. Como resultado, a superfície da terra é aquecida por um fenómeno conhecido como efeito de estufa. Assim, o efeito de estufa é definido como o aquecimento da superfície terrestre causado pela camada de CO_2 na atmosfera que aprisiona as radiações infravermelhas reflectidas pela superfície terrestre. O aquecimento global refere-se ao aquecimento da terra causado pelo efeito de estufa.

Q . As plantas verdes utilizam dióxido de carbono para a fotossíntese e devolvem o oxigénio à atmosfera, mesmo assim o dióxido de carbono é considerado responsável pelo efeito de estufa. Explicar porquê?

O dióxido de carbono é um constituinte natural da atmosfera que é essencial para todas as formas de vida vegetal. É responsável por aproximadamente 0,033 % do volume da atmosfera. Contribui para manter a temperatura da Terra estável, o que é necessário para os organismos vivos. O equilíbrio do CO2 na atmosfera é mantido porque o CO2 é produzido pela respiração, a combustão de combustíveis fósseis e a decomposição de calcário, mas também é consumido pelas plantas durante a fotossíntese.

No entanto, as actividades humanas perturbaram este equilíbrio, e o nível de CO2 na atmosfera está a aumentar. Isto ocorreu como resultado da desflorestação, do aumento da utilização de combustíveis fósseis, e da industrialização. Estima-se que as concentrações de CO2 tenham aumentado cerca de 25% ao longo do último século. A temperatura média global aumentou de 0,4 a 0,8 graus Celsius ao longo dos últimos quase 120 anos. Segundo as estimativas actuais, a duplicação da concentração de CO2 resultará num aumento de temperatura entre 1,0 e 3,5 graus Celsius. O CO2 contribui com 50% do efeito de estufa, e outros gases vestigiais também contribuem com cerca de 50%.

Q. Viver na atmosfera de CO é perigoso porque:?

Combina com O2 presente no interior para formar CO2. Reduz a matéria orgânica dos tecidos. Combina com hemoglobina e torna-o incapaz de absorver o oxigénio...Dilui o sangue.

Q . O poluente metálico mais perigoso dos gases de escape dos automóveis é:

Pb, Cd, Hg, Cu

P .Na ausência de gases com efeito de estufa...

A vida na Terra seria impossível.(R)

A temperatura média da Terra irá diminuir drasticamente. (R)

Não haverá qualquer efeito sobre a Terra.

P .O composto aromático que está presente como partícula está:

Benzeno, Tolueno, Nitrobenzeno, Hidrocarbonetos policíclicos

REFERÊNCIAS

1. "Poluição atmosférica". www.who.int. Organização Mundial de Saúde. Recuperado a 5 de Junho de 2022.
2. Saltar para:[a][b] Manisalidis, Ioannis; Stavropoulou, Elisavet; Stavropoulos, Agathangelos; Bezirtzoglou, Eugenia (2020). "Environmental and Health Impacts of Air Pollution" (Impactos da poluição atmosférica no ambiente e na saúde): A Review". Fronteiras na Saúde Pública. **8**: 14. doi:10.3389/fpubh.2020.00014. ISSN 2296 2565. PMC 7044178. PMID 32154200.
3. Howell, Rachel; Pickerill, Jenny (2016). "O Ambiente e o Ambientalismo". Em Daniels, Peter; Bradshaw, Michael; Shaw, Denis; Sidaway, James; Hall, Tim (eds.). An Introduction To Human Geography (5ª ed.). Pearson. p. 134. ISBN 978-1-292-12939-6.
4. Dimitriou, Anastasia; Christidou, Vasilia (26 de Setembro de 2011), Khallaf, Mohamed (ed.), "Causes and Consequences of Air Pollution and Environmental Injustice as Critical Issues for Science and Environmental Education", The Impact of Air Pollution on Health, Economy, Environment and Agricultural Sources, InTech, doi:10.5772/17654, ISBN 978-953-307-528-0, recuperado em 31 de Maio de 2022
5. Saltar para:[a][b][c][d][e] "7 milhões de mortes prematuras anualmente ligadas à poluição atmosférica". OMS. 25 de Março de 2014. Recuperado a 25 de Março de 2014.
6. Allen, J. L.; Klocke, C.; Morris-Schaffer, K.; Conrad, K.; Sobolewski, M.; Cory- Slechta, D. A. (Junho 2017). "Cognitive Effects of Air Pollution Exposures and Potential Mechanistic Underpinnings". Relatórios actuais sobre saúde ambiental. **4** (2): 180—191. doi:10.1007/s40572-017-0134-3. PMC 5499513. PMID 28435996.
7. Newbury, Joanne B.; Stewart, Robert; Fisher, Helen L.; Beevers, Sean; Dajnak, David; Broadbent. Matthew; Pritchard, Megan; Shiode, Narushige; Heslin, Margaret; Hammoud, Ryan; Hotopf, Matthew (2021). "Associação entre a exposição à poluição atmosférica e a utilização de serviços de saúde mental entre indivíduos com primeiras apresentações de perturbações psicóticas e do humor: estudo de coorte retrospectivo". The British Journal of Psychiatry (publicado a 19 de Agosto de 2021). **219** (6): 678-685. doi:10.1192/bjp.2021.119. ISSN 0007 1250. PMC 8636613. PMID 35048872.
8. Saltar para:[a][b] Ghosh, Rakesh; Causey, Kate; Burkart, Katrin; Wozniak, Sara; Cohen, Aaron; Brauer, Michael (28 de Setembro de 2021). "Poluição ambiental e doméstica PM2,5 e resultados perinatais adversos": Uma meta-regressão e análise da carga global atribuível para 204 países e territórios". PLOS Medicina. **18** (9): e1003718. doi:10.1371/journal.pmed.1003718. ISSN 1549 1676. PMC 8478226. PMID 34582444.
9. Stanek, L. W.; Brown, J. S.; Stanek, J.; Gift, J.; Costa, D. L. (2011). "Air Pollution Toxicology-A Brief Review of the Role of the Science in Shaping the Current Understanding of Air Pollution Health Risks". Ciências Toxicológicas". **120**: S8- S27. doi:10.1093/toxsci/kfqq367.

PMID 21147959. Recuperado a 7 de Novembro de 2022.

10. Majumder, Nairrita; Kodali, Vamsi; Velayutham, Murugesan; Goldsmith, Travis; Amedro, Jessica; Khramtsov, Valery V.; Erdely, Aaron; Nurkiewicz, Timothy R.; Harkema, Jack R.; Kelley, Eric E.; Hussain, Salik (2022). "Determinantes físico-químicos dos aerossóis de negro de fumo e da co-exposição da toxicidade pulmonar induzida pela inalação de ozono". Toxicological Sciences. doi:10.1093/toxsci/kfac113. PMID 36303316. Recuperado a 7 de Novembro de 2022.

11. Saltar para:[a b c d] Daniel A. Vallero. "Fundamentos da Poluição Atmosférica". Elsevier Academic Press.

12. Lelieveld, J.; Klingmüller, K.; Pozzer, A.; Burnett, R. T.; Haines, A.; Ramanathan, V. (25 de Março de 2019). "Effects of fossil fuel and total anthropogenic emission removal on public health and climate" (Efeitos dos combustíveis fósseis e da remoção total de emissões antropogénicas na saúde pública e no clima). Actas da Academia Nacional das Ciências dos Estados Unidos da América. **116** (15): 71927197. Bibcode:2019PNAS..116.7192L. doi:10.1073/pnas.1819989116. PMC 6462052. P MID 30910976. S2CID 85515425.

13. "Fine Particulate Matter Maps Shows Premature Mortality Due to Air Pollution - SpaceRef". spaceref.com. 19 de Setembro de 2013.

14. Silva, Raquel A; West, J Jason; Zhang, Yuqiang; Anenberg, Susan C; Lamarque, Jean-Frangois; Shindell, Drew T; Collins, William J; Dalsoren, Stig; Faluvegi, Greg; Folberth, Gerd; Horowitz, Larry W; Nagashima, Tatsuya; Naik, Vaishali; Rumbold, Steven; Skeie, Ragnhild; Sudo, Kengo; Takemura, Toshihihiko; Bergmann, Daniel; Cameron-Smith, Philip; Cionni, Irene; Doherty, Ruth M; Eyring, Veronika; Josse, Beatrice; MacKenzie, I A; Plummer, David; Righi, Mattia; Stevenson, David S; Strode, Sarah; Szopa, Sophie; Zeng, Guang (2013). "Mortalidade prematura global devido à poluição antropogénica do ar exterior e à contribuição das alterações climáticas do passado". Cartas de Investigação Ambiental. **8** (3): 034005. Bibcode:2013ERL8c4005S. doi:10.1088/1748-9326/8/3/034005.

15. Saltar para:[a b] Lelieveld, Jos; Pozzer, Andrea; Poschl, Ulrich; Fnais, Mohammed; Haines, Andy; Münzel, Thomas (1 de Setembro de 2020). "Perda de esperança de vida por poluição atmosférica em comparação com outros factores de risco: uma perspectiva mundial". Investigação Cardiovascular. **116** (11): 1910-1917. doi:10.1093/cvr/cvaa025. ISSN 0008 6363. PMC 7449554. PMID 32123898.

16. "Energia e Poluição Atmosférica" (PDF). Iea.org. Arquivado a partir do original (PDF) em 11 de Outubro de 2019. Recuperado a 12 de Março de 2019.

17. "Estudo liga 6,5 milhões de mortes por ano à poluição do ar". The New York Times. 26 de Junho de 2016. Recuperado a 27 de Junho de 2016.

18. Saltar para:[a b c] Fuller, Richard; Landrigan, Philip J; Balakrishnan, Kalpana; Bathan, Glynda; Bose-O'Reilly, Stephan; Brauer, Michael; Caravanos, Jack; Chiles, Tom; Cohen, Aaron; Corra, Lilian; Cropper, Maureen; Ferraro, Greg; Hanna, Jill; Hanrahan, David; Hu, Howard; Hunter, David; Janata, Gloria; Kupka, Rachael; Lanphear, Bruce; Lichtveld, Maureen; Martin, Keith; Mustapha, Adetoun; Sanchez-Triana, Ernesto; Sandilya, Karti; Schaefli, Laura; Shaw, Joseph; Seddon, Jessica;

Suk, William; Téllez- Rojo, Martha María; Yan, Chonghuai (Junho de 2022). "Poluição e saúde: uma actualização do progresso". A Saúde Planetária de Lancet. **6** (6): e535-e547. doi:10.1016/S2542-5196(22)00090-0. PMID 35594895. S2CID 248905224.

19. "Relatórios". WorstPolluted.org. Arquivado do original a 11 de Agosto de 2010. Recuperado a 29 de Agosto de 2010.

20. "Monitores baratos de poluição atmosférica ajudam a traçar a sua caminhada". Banco Europeu de Investimento. Recuperado a 18 de Maio de 2021.

21. "9 em cada 10 pessoas em todo o mundo respiram ar poluído, mas mais países estão a tomar medidas". www.who.int. Organização Mundial de Saúde. Recuperado a 18 de Maio de 2021.

22. "Avaliar os riscos para a saúde decorrentes da poluição atmosférica". www.eea.europa.eu. Agência Europeia do Ambiente. Recuperado a 18 de Maio de 2021.

23. Banco Mundial; Instituto de Métricas e Avaliação da Saúde da Universidade de Washington - Seattle (2016). O Custo da Poluição Atmosférica: Reforçar o caso económico para a acção (PDF). Washington, D.C.: O Banco Mundial. xii.

24. McCauley, Lauren (8 de Setembro de 2016). "Making Case for Clean Air, World Bank Says Pollution Cost Global Economy $5 Trillion". Sonhos Comuns. Recuperado em 3 de Fevereiro de 2018.

25. "O custo crescente do smog". A Fortuna: 15. 1 de Fevereiro de 2018. ISSN 0015-8259.

26. Batool, Rubeena; Zaman, Khalid; Khurshid, Muhammad Adnan; Sheikh, Salman Masood; Aamir, Alamzeb; Shoukry, Alaa Mohamd; Sharkawy, Mohamed A.; Aldeek, Fares; Khader, Jameel; Gani, Showkat (Outubro de 2019). "Economia da morte e da morte: uma avaliação crítica dos danos ambientais e reformas dos cuidados de saúde em todo o mundo". Environmental Science and Pollution Research International (Ciência Ambiental e Investigação da Poluição Internacional). **26** (29): 2979929809. doi:10.1007/s11356-019-06159-x. ISSN 1614 7499. PMID 31407261. S2CID 199528114.

27. Bherwani, Hemant; Nair, Moorthy; Musugu, Kavya; Gautam, Sneha; Gupta, Ankit; Kapley, Atya; Kumar, Rakesh (10 de Junho de 2020). "Valuation of air pollution externalities: comparative assessment of economic damage and emission reduction under COVID-19 lockdown". Qualidade do Ar, Atmosfera, & Saúde. **13** (6): 683-694. doi:10.1007/s11869- 020-00845-3. ISSN 1873-9318. PMC 7286556. PMID 32837611.

28. Fensterstock, J. C.; Kurtzweg, J. A.; Ozolins, G. (1971). "Reduction of Air Pollution Potential through Environmental Planning". Journal of the Air Pollution Control Association. **21** (7): 395-399. doi:10.1080/00022470.1971.10469547. PMID 5148260.

29. Fensterstock, Ketcham and Walsh, The Relationship of Land Use and Transportation Planning to Air Quality Management, Ed. George Hagevik, Maio de 1972.

30. US EPA, OCSPP (22 de Setembro de 2014). "Pollution Prevention Law and Policies". www.epa.gov. Recuperado a 7 de Junho de 2022.

31. Frieden, Thomas R. (Janeiro de 2014). "Six Components Necesary for

Effective Public Health Program Implementation". Revista Americana de Saúde Pública. **104** (1): 1722. doi:10.2105/AJPH.2013.301608. ISSN 0090-0036. PMC 3910052. PMID 24228653.

32. Environment, U. N. (29 de Outubro de 2018). "Sobre o Protocolo de Montreal". Ozonacção. Recuperado a 7 de Junho de 2022.
33. "O Protocolo de Montreal sobre Substâncias que Esgotam a Camada de Ozono". Departamento de Estado dos Estados Unidos da América. Recuperado a 7 de Junho de 2022.
34. "Protocolo sobre Maior Redução das Emissões de Enxofre à Convenção sobre Poluição Atmosférica Transfronteiriça a Longa Distância | Projecto de Base de Dados de Acordos Ambientais Internacionais (AIE)". iea.uoregon.edu. Recuperado a 7 de Junho de 2022.
35. Nações Unidas, Nações Unidas. "ClimateChange". Nações Unidas. Recuperado a 7 de Junho de 2022.
36. "Alterações climáticas". www.who.int. Organização Mundial de Saúde. Recuperado a 7 de Junho de 2022.
37. "Acordos Climáticos Globais": Sucessos e fracassos". Conselho das Relações Exteriores. Recuperado a 7 de Junho de 2022.
38. Perera, Frederica (23 de Dezembro de 2017). "A poluição causada pela combustão de combustível fóssil é a principal ameaça ambiental para a saúde e equidade pediátrica global: As soluções existem". International Journal of Environmental Research and Public Health. **15** (1): 16. doi:10.3390/ijerph15010016. ISSN 1660-4601. PMC 5800116. PMID 29295510.
39. "Mapeamento das emissões de metano à escala global". ESA. Arquivado a partir do original a 3 de Fevereiro de 2022.
40. "Alterações climáticas": Os satélites mapeiam enormes plumas de metano de petróleo e gás". BBC News. 4 de Fevereiro de 2022. Recuperado a 16 de Março de 2022.
41. "A repressão dos 'ultra emissores' de metano é uma forma rápida de combater as alterações climáticas, os investigadores encontram". O Washington Post. Recuperado a 16 de Março de 2022.
42. Lauvaux, T.; Giron, C.; Mazzolini, M.; d'Aspremont, A.; Duren, R.; Cusworth, D.; Shindell, D.; Ciais, P. (4 de Fevereiro de 2022). "Global assessment of oil and gas methane ultra-emitters". Ciência. **375** (6580): 557
561. arXiv:2105.06387. Bibcode:2022Sci...375..557L. doi:10.1126/science.abj4351. ISS N 0036-8075. PMID 35113691. S2CID 246530897.
43. Pennise, David; Smith, Kirk. "Biomass Pollution Basics" (PDF). Organização Mundial de Saúde. Arquivado a partir do original (PDF) a 9 de Julho de 2012.
44. "Poluição do ar interior e energia doméstica". OMS e PNUA. 2011.
45. Hawkes, N. (22 de Maio de 2015). "Air pollution in UK: the public health problem that won't go away" (Poluição atmosférica no Reino Unido: o problema de saúde pública que não desaparece). BMJ. **350** (maio22 1): h2757. doi:10.1136/bmj.h2757. PMID 26001592. S2CID 40717317.

46 Yeung, Jessie. "Microplásticos no nosso ar 'espiralam o globo' num ciclo de poluição, achados do estudo". CNN. Recuperado a 4 de Agosto de 2022.

47 "Os impactos ambientais dos automóveis explicados". O ambiente. National Geographic. 4 de Setembro de 2019. Recuperado a 4 de Agosto de 2022.

48 "NASA GISS: NASA News & Feature Releases:O Transporte Rodoviário surge como Motorista Chave do Aquecimento". www.giss.nasa.gov. Recuperado a 4 de Agosto de 2022.

49 "Car Emissions & Global Warming | Union of Concerned Scientists". . Recuperado a 4 de Agosto de 2022.

50 "NASA's AIRS Maps Carbon Monoxide from Brazil Fires". Laboratório de Propulsão a Jacto da NASA (JPL). Recuperado a 4 de Agosto de 2022.

More
Books!

info@omniscriptum.com
www.omniscriptum.com
OMNIScriptum

Printed by Books on Demand GmbH, Norderstedt / Germany